U0174420

交流电机绕组
绕线、嵌线和接线工艺

主　编　才家刚
副主编　孙克军　赵文彬
　　　　王　磊　赵鹤翔

机械工业出版社

本书以图文并茂的形式，系统地讲述了常用中小型三相交流电机绕组的手工绕线、嵌线、接线和整形工艺的全过程，以及所用原材料、专用工具的相关知识和各阶段的质量检测方法。其中三相单层绕组的"一相连绕、掏包下线"工艺是以往同类书籍中很少介绍的内容，可以说是填补了交流电机嵌线工艺文件的空白。

本书可作为电机生产和修理企业制定工艺文件的参考资料以及相关从业人员的作业指导书，也可作为大专院校、职业学校电机相关专业的教材。

图书在版编目（CIP）数据

交流电机绕组绕线、嵌线和接线工艺/才家刚主编. —北京：机械工业出版社，2023.3（2025.1重印）
ISBN 978-7-111-72543-5

Ⅰ. ①交… Ⅱ. ①才… Ⅲ. ①交流电机-绕组②交流电机-绕线
Ⅳ. ①TM34

中国国家版本馆 CIP 数据核字（2023）第 010528 号

机械工业出版社（北京市百万庄大街 22 号　邮政编码 100037）
策划编辑：刘星宁　　　　　　责任编辑：刘星宁
责任校对：潘　蕊　张　征　　封面设计：马精明
责任印制：郜　敏
北京中科印刷有限公司印刷
2025 年 1 月第 1 版第 3 次印刷
184mm×260mm・13 印张・320 千字
标准书号：ISBN 978-7-111-72543-5
定价：79.00 元

电话服务　　　　　　　　　　网络服务
客服电话：010-88361066　　　机 工 官 网：www.cmpbook.com
　　　　　010-88379833　　　机 工 官 博：weibo.com/cmp1952
　　　　　010-68326294　　　金 书 网：www.golden-book.com
封底无防伪标均为盗版　　机工教育服务网：www.cmpedu.com

序

交流电动机分为交流同步电动机和异步电动机两大类，其中，每一大类又分单相和三相两类；同步电动机中还可以依据其励磁磁场由励磁绕组通入直流电产生，还是由永久磁铁产生，分为电励磁同步电动机和永磁同步电动机两种；异步电动机中的三相异步电动机，还可以根据其转子是笼型的还是绕线式的，分为笼型异步电动机和绕线转子异步电动机；单相异步电动机的分类更多，有电阻分相式、电容分相式（含单电容起动、单电容起动并运行和双电容共三种不同的类型）、罩极分相式、串励式等。

在生产或修理上述电动机（以下简称电机）时，绕组（含定子绕组和转子绕组）的绕制、嵌入铁心槽内、端部整形绑扎、接线这一系列的工作，是电机生产或修理的核心工作，在很大程度上，决定了一台电机质量的好坏。对于电机修理行业来讲，这些工作占据了绝大部分工作量。因此，不论是电机生产厂还是电机修理厂，都对这些工作给予高度的重视。

在电机绕组的绕制（简称绕线）、嵌入铁心槽内（简称嵌线或下线，其中"下线"在生产中最常用）、端部整形（简称整形）和绑扎、绕组内部接线和引出线这一系列工作中，嵌线过程涉及的技术最复杂，耗时也最长。

对于相对简单的绕组形式（主要是单层绕组和集中绕组），现在已有全自动或半自动机械设备用于生产中。其优点是：生产效率明显高于人工操作；产品外观和性能一致性较高。其缺点是：设备投资大；对铁心槽口较小、绕组端部较短、槽满率较高的电机不适用；对双层叠绕组、单双层绕组、多套（一般为两套）变极多速电机绕组，改型试制的电机绕组等，目前还没有合适的设备，或者说还需要人工操作。对于电机修理单位（特别是众多的个体和小型民营修理单位），由于投资较少、产品批量小（经常是一两台）、品种多，一般还是采用人工操作的方式。

人工嵌线要求操作人员具备熟练的专业技能，以往，这些专业技能一般都是以"师傅带徒弟"的方式相传的。在行业中，有些方法和技巧是通用的，有些则会因师傅的操作习惯不同而有些差异，在1994年9月，作者曾观摩过我国电机协会在北京电机总厂进行的一次全国三相交流电机散嵌绕组嵌线技能比赛。对于嵌线时绕组出线端是在左手边还是在右手边的问题，我国北方大部分单位和南方一些单位就有所不同，北方一般为右手边，而南方一些单位为左手边。为了统一标准，比赛组织者决定按右手边出线的方式进行操作。这给参赛的南方选手出了个不大不小的难题，他们只好在赛前改变多年的"习惯"，用了10多天的时间练习右手出线的操作方法。转过年来，又在南方某厂组织了一次同样的技能比赛，可想而知，也给北方大部分参赛人员带来了一定的准备工作量。

另外，在技巧方面，可以说也各有"高招"。其中在操作技术难度较大的单层绕组"一相连绕、掏包下线"（其中的"包"是对线圈的俗称，也称为"把"。该工艺又分为"先掏后下"和"边掏边下"两种。另外，关于"掏包"，还有人叫作"穿线"）操作上体现得最明显。

据作者对国内几十家电机生产企业的现场观察和与技术人员的交流，在绕组嵌线工艺方面，大部分存在工艺文件描述简单，甚至有的没有实质性内容的问题，其中"一相连绕、掏包下线"工艺文件则很少看到。如前所述，现场工人的操作几乎都是师傅手把手教会的。对此，有工人说："太难了，绕得慌，昨天刚学会，今天又不知怎么掏了"。

作者见到过几本电机制造工艺学方面的书籍，书名为《电机制造工艺学》的有1988年和1989年的早期版本，也有2018年出版的近期版本，其中对电机绕组绕线和嵌线工艺都是进行了简单的介绍，不能完全满足现场操作要求；有一本1992年出版书名为《电机嵌线工艺学》（初、中、高级合订本）的电机行业专业工人技术理论培训教材，相对地讲，对电机绕组嵌线工艺介绍得比较详细，但还是只讲了一些普通的通用内容，对本书前面提到的"一相连绕、掏包下线"工艺，该书中称其为"单层绕组穿线（即掏包，后同）嵌线工艺"，并给出了下面一段话："上述三种单层绕组的嵌线方法，所用连线较长，连线之间可能出现交叉现象。采用极相组串联绕制的线圈（每相只有一组线圈），在嵌线时，把三相绕组按一定规律穿线，然后再把线圈按次序嵌入槽内。采用这种穿线、嵌线工艺时，可以节省接线和焊接工时，节省铜线，而且线圈端部也很整齐。"

这段话中的"上述三种单层绕组嵌线方法"中的"三种单层绕组"是指同心式、链式和交叉链式三种形式的单层绕组，"嵌线方法"是指以每个极相组全部线圈单独嵌线的普通方法；"采用极相组串联绕制的线圈（每相只有一组线圈）"就是前面所说的"一相连绕"；"在嵌线时，把三相绕组按一定规律穿线，然后再把线圈按次序嵌入槽内"就是前面所说的"掏包下线"工艺中的两种操作方法之———"先掏后下"。

这段话的意义在于肯定了"一相连绕、掏包下线"工艺的优点。但它作为一本专讲电机嵌线工艺的书，为什么没有给出作者和大家都认为有很多优点的嵌线工艺的操作方法内容呢？作者猜想，可能是因为这种操作方法比较复杂，或者说难度较大，只用文字很难表达清楚，必须配以大量的图片。这就给编写这种嵌线工艺的内容带来了一定的难度。加之有的编写生产工艺书籍的人员不是现场实际操作人员，对这种以"师傅带徒弟"传授方式的现场操作，很可能是一知半解的，故难以下笔。

作者在多年前就有一个设想，即将交流电机绕组的绕制、嵌线、接线和整形工艺编写成一本书（当然要包括前面已讲了很多的"一相连绕、掏包下线"工艺），因种种原因，虽然一直在积累相关素材（最主要是需要在不同的现场录制视频），但至今没有完成，并且错过了在电机厂任职期间的有利机会。

今年终于下定决心，一定要完成这一夙愿，为电机行业做一点点贡献。于是和行业内在岗和离岗的多个朋友提出这一想法，并请求给予帮助。各位朋友一致表示赞同和支持。皖南电机厂总工程师孙跃、副总经理徐权和河北顺华机电股份有限公司总经理田聚良表示无条件的全力配合；原河北科技大学孙克军教授提供了他编写的《交流异步电机修理速成》中的相关内容；原河北邢台防爆电机厂技术副厂长赵鹤翔提供了他亲自编写的部分工艺文件和摄制的现场操作视频；无锡欧瑞京电机有限公司领导和工程质量部部长王磊、车间主任吴黄超、工艺工程师丁文琪等在其生产现场操作人员的大力配合下，录制了大量的视频，并进行了编辑制作。这在很大程度上坚定了作者以高质量完成这项工作的信心。

另外，作者在网上看到了一些电机嵌线视频，对编写这本书有很大的帮助，弥补了作者以前录制视频中有头无尾和有尾无头的缺陷，节省了大量现场采集素材的时间。

在本书出版之际，向各位给予作者帮助的朋友们（包括直接提供资料和现场条件以及上传视频的朋友）表示衷心的感谢！同时请各位读者对本书中描述不准确甚至错误的内容给予批评指正，以便有机会再版时进行修改和完善。

主编　才家刚

前言

多年来，各出版社出版了许许多多的电机制造工艺、电机修理方面的书籍，其中都会涉及电机绕组的绕制、嵌线（现场习惯称为"下线"，本书中这两个名称都会使用）、端部整形绑扎和接线方面的内容，但详细讲述三相交流电机单层定子绕组"一相连绕、掏包下线"操作方法的则少之又少，在国内各电机生产和修理厂家也很少见到这方面的工艺文件，几乎所有的嵌线工都是从师傅那里获取此种操作方法的。本书则会全面、系统地以图配文的形式，详细讲述这种工艺，这也是本书区别于以往同类书籍的最大特点。

在讲述嵌线过程时，各种形式的绕组均以举例的方式给出，考虑到我国各电机生产和修理企业的嵌线操作习惯不同，在主要介绍使用较多的方法的同时，还会介绍其他不同形式的做法，并给出相应的说明。例如嵌线时的出线方向问题，以右手方向出线为主，另外也会介绍左手方向出线的操作方法，并说明两种不同出线方向之间的区别和联系。还有槽绝缘尺寸、导线连接、掏包下线过程是先掏后下还是边掏边下、端部包扎是全包还是不全包（花篮包）等问题，都会详细介绍。

本书以全程图解的形式讲述三相交流电机定子绕组和绕线转子异步电机转子绕组绕线、嵌线、接线和端部整形方面的内容，其中涉及比较复杂的三相绕组展开图和嵌线过程图用不同格式的三种线条绘制三相绕组和相关连线，以利于区分三相绕组。对于某些很难辨识的复杂连线和操作示例图，还将在书后附录中给出更清晰的彩图。由于制作中大型低压和高压电机所用的成型绕组（线圈）需要较多的专用设备，操作过程也比较复杂，故本书中没有介绍，但简要介绍了这些绕组（线圈）的检测项目和检测方法。

本书共分 9 章，各章节的主要内容详见本书目录。书后的附录给出了常用电磁线和绝缘导线、绝缘材料、温度传感器（热电阻等）的规格和使用参数，Y 系列全国统一设计方案的相电阻参考值，以及生产现场操作示例彩图。

在本书编写过程中，无锡欧瑞京电机股份有限公司、安徽皖南电机厂、河北顺华机电股份有限公司等国内电机生产和维修行业的领导以及很多富有实践经验的工程师、专业技术人员和现场操作人员给予了大力支持和帮助，在此一并表示衷心的感谢。本书中的内容除利用了作者多年来积累的相关资料以及近期在无锡欧瑞京电机股份有限公司生产现场采集的资料外，还参考了网上发布的一些资料，在此对制作和上传这些资料的朋友表示衷心的感谢。还要特别感谢江苏大通机电有限公司丁玉林、李盛和王万忠三位朋友，他们提供了很多关于电磁线生产、检验及质量判定等方面的技术和实践经验。

本书由才家刚任主编，并负责主写和全书统稿；孙克军、赵文彬、王磊、赵鹤翔任副主编；参加编写、录制现场操作视频和绘图等工作的还有吴黄超、丁文琪、齐永红、王爱军。

由于作者的技术水平和实践经验有限，书中难免有不妥之处，恳请广大读者批评指正。

作者

目 录

第1章

通 用 知 识

1.1 定子铁心的结构及参数

1.1.1 定子铁心的结构

电动机定子铁心一般采用 0.5mm 厚的硅钢片叠压而成，交流单相和三相电动机定子铁心外形实例如图 1-1 所示。

较小容量电动机定子铁心全部用硅钢片叠压而成，片与片之间用自锁扣或通过外圆的几个嵌入到燕尾槽内的勾板（或称为扣片）连接起来，如图 1-1a 所示；中等容量电动机则在其两端设置一层压板（用 2mm 左右厚的钢板冲压制造，形状和定子铁心冲片相似，只是其齿形小于定子铁心的齿）和一个压圈（用矩形截面的钢条弯成的一个整圆），目的是为了保持铁心压紧状态，避免定子齿过多弹开，如图 1-1b 所示；较大容量电动机还要设置径向通风道，以利于散热，如图 1-1c 所示。

有些类型的电动机利用冲击电流焊接的工艺，将定子铁心两端的几张冲片电焊成一体，

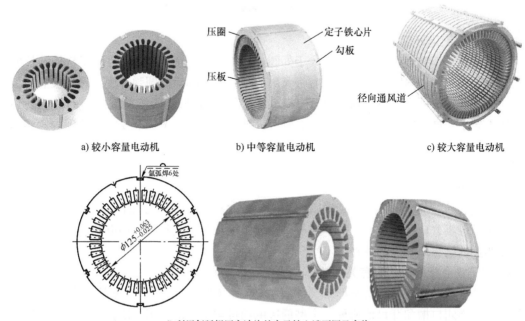

a) 较小容量电动机　　　　b) 中等容量电动机　　　　c) 较大容量电动机

d) 利用氩弧焊固定冲片的定子铁心端面图及实物

图 1-1　交流电动机定子铁心外形实例

起前面介绍的"压板"和"压圈"作用。还有一些定子铁心，采用在其外圆轴向利用氩弧焊焊接的方式将所有冲片固定在一起的工艺，图1-1d 给出了一个这种工艺的定子铁心端面图和两个成品图。

1.1.2 定子铁心的参数

1. 铁心有效长度

定子铁心的有效长度 L 为去掉两端压圈后的长度，即纯铁心的长度，如图1-2a 给出的实例中标出的（135±1.0）mm。该尺寸要卡尺或钢板尺在铁心外圆测量。

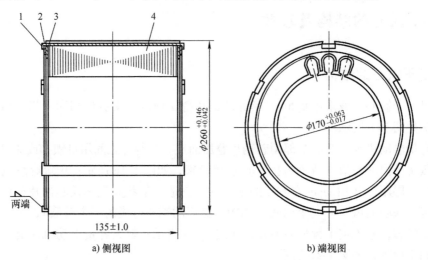

a) 侧视图　　　　　　　　　　　b) 端视图

图1-2　Y2－160M2－4 定子铁心结构和尺寸标注

1—勾板　2—压圈　3—端板　4—定子冲片

2. 铁心内圆弹开度

一般情况下，铁心内圆的长度会大于外圆长度（有效长度），大出的长度与外圆长度之比的百分数称为铁心内圆弹开度，有时将大出的长度直接称为内圆弹开度。对于没有压板和压圈，靠外圆勾板固定的较小铁心（图1-1a 中右图），因为其两端靠近内圆的部位受到的轴向压力较小，冲片向外弹开的程度相对较大。该数值应在技术标准规定的范围内。实际考核时，可用百分数，也可用实际值；用实际值时，可根据铁心的长短控制在不超过 $2 \sim 5$ mm。

3. 外径和内径

定子铁心的外径 D 和内径 d 如图1-4 给出的一个实例所示。这两个尺寸，特别是内径尺寸，公差较小，应严格控制。另外还要测量其圆度和轴向倾斜度并加以控制；内外圆要光滑、无明显的高出或凹进的冲片。

4. 定子铁心槽的形状和有关参数

定子铁心槽的截面形状有梨形（圆弧底）、矩形（平底）、梯形（平底）等，另外，槽口的形状有半闭口槽和开口槽两种。小型低压电动机常用梨形半闭口槽；较大容量的低压和高压电动机绕组一般为成型绕组，一般采用开口矩形槽，少量采用半开口矩形槽。以梨形槽为例，一个槽各部位的名称如图1-3 所示。

定子铁心槽的参数有槽口宽度、槽的有效深度、槽底圆弧直径或半径。

5. 定子铁心几个看似无形的数据

这些数据为极距、相带（每极每相槽数）、每个槽距的电角度等。它们除与定子本身的槽数 Z_1 有关外，还与设计极数（常用极对数 p 来表示，即极数的 1/2）有关。以下数据请参见图 1-4。

1）极距。电动机的极数（$2p$）确定后，相邻两磁极上相应点之间的圆周距离称为极距，通常以齿距表示，用字母 τ（槽）来表示，则

$$\tau = \frac{Z_1}{p} \tag{1-1}$$

对于图 1-4，其槽数 $Z_1 = 24$，当电动机设计为 2 极时（$p=1$），$\tau = 24$ 槽/（2×1）= 12 槽；设计为 4 极时，$\tau = 24$ 槽/（2×2）= 6 槽。

2）相带。每个极距内都会按顺序排列三相绕组，每一相绕组在 1 个极距内所占有的长度（槽数）称为一个相带。由此可见，相带就是每极每相槽数，用符号 q（槽）表示，即

$$q = \frac{\tau}{3} = \frac{Z_1}{3 \times 2p} = \frac{Z_1}{6p} \tag{1-2}$$

当电动机极对数 $p=2$ 时，对于图 1-4，$q = 6$ 槽/3 = 2 槽，或 $q = 24$ 槽/（6×2）= 2 槽。

3）每个槽距的电角度。一对磁极所占铁心圆弧的长度，用电角度表示时为 360°。由此可知，一个定子内圆究竟是多少电角度，是由该电动机的设计极数所决定的，即为 $p \times 360°$。2 极电动机为 $1 \times 360° = 360°$，4 极电动机为 $2 \times 360° = 720°$……每个槽距（也说成每个槽）所占的电角度数用 α 来表示，则

$$\alpha = 360° \times \frac{p}{Z_1} \tag{1-3}$$

图 1-4 中，$\alpha = 360° \times 2 \div 24 = 30°$

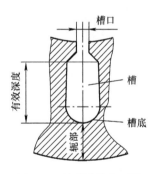

图 1-3　梨形槽横截面图

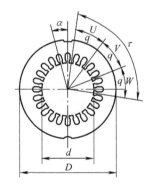

图 1-4　三相交流电动机定子铁心参数

1.2　绕组的形式和相关参数

1.2.1　绕组的形式

按绕组排列方式分类，常用三相定子绕组形式有双层叠式、单层同心式、单层链式、单层交叉链式等，另外还有单双层绕组、正弦绕组、分数槽绕组等；对于绕线转子电机的转子

绕组，常用波形绕组。表1-1给出了常用的4种三相定子绕组。其他形式的绕组将在后续章节中介绍。

表1-1　常用三相绕组形式的定义和排列图

名称	定义和说明	一组或一相线圈及展开排列图
双层叠式	嵌入定子铁心槽中以后，所有线圈按顺序相叠（迭）的姿势排列（形如倒下的多米诺骨牌），故称之为叠（迭）式。这种形式中所有线圈的各项参数都相同，层数为双层，一般用于10kW以上的电动机	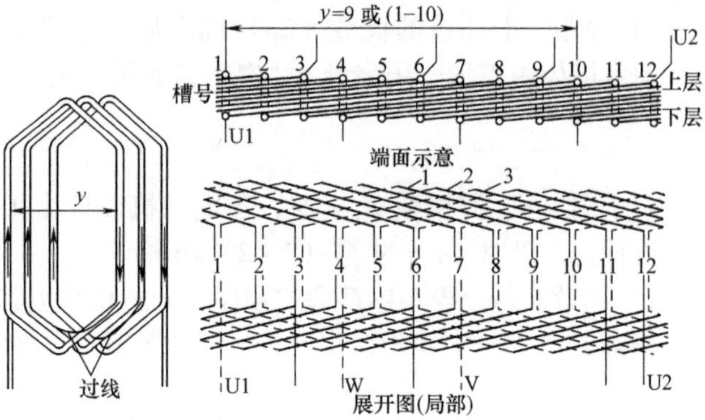 表1-1 图1
单层同心式	在1对磁极下，一相绕组由2个及以上大小不同、节距依次相差2个槽的线圈组成，各线圈共为一个轴心线，故称同心式 这种线圈经常绕制成由内至外按正弦规律变化的匝数，此时称为正弦绕组	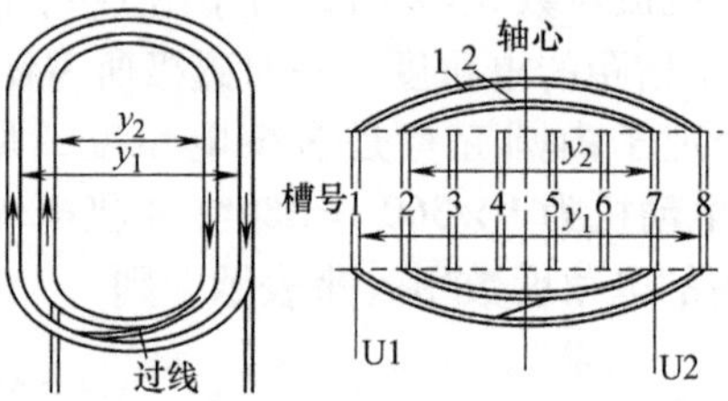 表1-1 图2
单层链式	每一相绕组的各只线圈依次排列，形如一条索链（但不相扣），故称为链式。它的线圈参数都是相同的，层数为单层	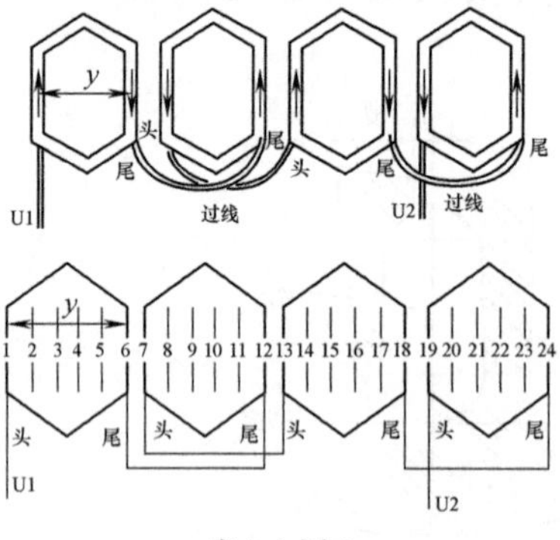 表1-1 图3
单层交叉链式	形似链式，但又与链式不同。不同点是： 1）有两种节距的线圈（俗称大包和小包）； 2）大节距线圈一般有2个，并且为交叉排列，小线圈和大线圈靠紧排列如链式。由此称其为交叉链式	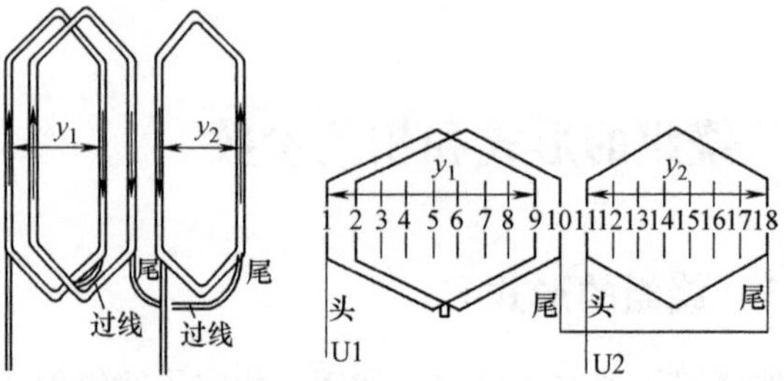 表1-1 图4

1.2.2　绕组参数

1. 极相组

在一个磁极下属于一相的线圈总和称为一个极相组。如表 1-1 图 1 中 U 相的 1、2、3 号线圈和表 1-1 图 2 中 U 相的 1、2 号线圈等。图 1-5 是嵌入定子铁心槽内的一个极相组示意图。

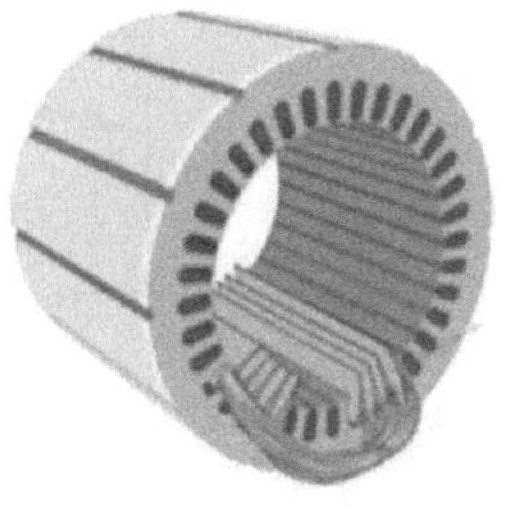

图 1-5　嵌入定子铁心槽内的一个极相组示意图

2. 节距

这个定义是针对一个线圈而言的，是指一个线圈两条直线边之间用槽数来表示的距离（从一条边相邻的那个槽开始数到另一条边所在的槽所包含的槽个数），如表 1-1 图 3 中，$y = 5$；表 1-1 图 2 中，$y_1 = 7$，$y_2 = 5$。在嵌线工艺文件中，还常用两条直线边所占槽号来表示，如表 1-1 图 2 中，大线圈的节距 $y_1 = 1—8$，小线圈的节距 $y_2 = 2—7$。

节距可分为长距、等距和短距 3 种，分别是根据长于极距、等于极距和短于极距而命名的，如图 1-6a 所示，其中短距用得较多，其最主要的优点是其端部较小，从而节省绕组材料。

3. 线圈的头和尾

如图 1-6b 所示，一个线圈有两个出线端，其中一个称为"头"，另一个称为"尾"。头、尾确定的方法是：在一相绕组中，以 U 相为例，与电源相接的引接线标为 U1，该线端则称为这个线圈的"头"。U 相其他线圈若按同样的绕向并依次排开的话，则与 U1 端同侧的都为"头"，自然另一端均为"尾"，如表 1-1 图 3 所示。确定线圈的头和尾是一相连线时所必需的内容。

4. 单只线圈的直线边长和有效边长

线圈直线边的总长度称为直线边长；处于铁心槽内部的长度，称为有效边长，也就是铁心长度，如图 1-6b 所示。

5. 端部和端部长度

一个线圈除有效边以外的两端称为端部，它主要是起连接两条直线边电路的作用，但由它产生的漏电抗对电动机的起动、过载性能还起着不可忽视的作用，所以不能随意改大或改小。

端部长度是指端部顶点到两个有效边端点连线之间的垂直距离，如图 1-6b 所示。

6. 匝数、每匝股数、线径等

匝数是指单只线圈绕行导线的圈数；每匝股数是一匝线包含的导线根数，每根的线径可以相同，也可以不相同；线径则是每根导线的直径。

1.2.3　绕组展开图

绕组展开图是设想在两个槽之间将嵌好线的定子轴向切开并将定子展平后，所看到的各相绕组位置、走向及相互连线关系的电路图。图 1-7a 和图 1-7b 给出了一台三相异步电机的实例。它是绕线、嵌线和接线的依据。

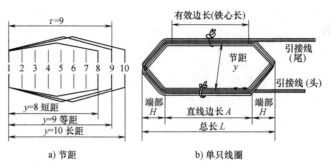

a) 节距

b) 单只线圈

图 1-6　线圈的节距种类和单只线圈各部位名称

1.2.4　绕组接线图

绕组接线图是表示各相绕组各个线圈之间以及三相绕组之间相互连接的图，前面介绍的绕组展开图就具备此功能。另外还有一种从定子（或绕线转子）接线端看去得到的一个"圆形端面接线图"。这种画法的接线图同样是绕线、嵌线和接线的依据。通过图 1-7c（请注意该图槽号的排列顺序与图 1-7a、b 所示两张图相反，因此不可相互对应）给出的一个实例和图 1-7b 给出的展开图相比较，可以看出，这种画法的绕组各个边的位置和相互之间的连接关系更直观，或者说更"真实"；但对于槽数较多、连接关系较复杂的电机绕组，其连线相互重叠，不易分辨。

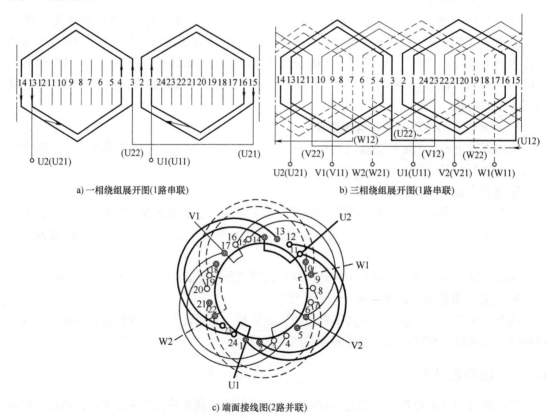

a) 一相绕组展开图(1路串联)

b) 三相绕组展开图(1路串联)

c) 端面接线图(2路并联)

图 1-7　24 槽、2 极同心式绕组展开图和端面接线图

1.2.5 三相绕组的相序

三相绕组的相序是指三相绕组首端在圆周上排列的顺序，从定子出线端视之，按 U1 – V1 – W1 顺序排列，有顺时针和逆时针两种。图 1-7 给出的是顺时针排列。当与同相序的三相电源相连接时，不同的排列顺序会得到不同的转向。如无规定，当出线端在主轴伸端时，默认为顺时针方向。

1.3 电机绕组用电磁线相关知识

电磁线是用来产生电磁感应的电线。在电机中称为绕组线。

1.3.1 电磁线的品种和规格型号

1.3.1.1 电磁线的类别和品种

电机常用的电磁线分漆包线和绕包线两大类。

1. 漆包线

漆包线是以绝缘漆作为绝缘层的电磁线，截面有圆形和矩形两种，前者较多见。圆形截面的漆包线是小型低压电机常用的绕组用线。在出厂时，将电磁线绕在一个线轴上，线轴有大小之分，批量生产时，用大轴线相对经济一些。漆包电磁线成品如图 1-8a 所示。

我国还按漆包线的用途对其品种进行分类，一般分成 3 种，即：

1）普通漆包线，是指热分级在 130（B）级及以下的漆包线，例如聚氨酯漆包线（代号 QA）、聚酯漆包线（代号 QZ）等。

2）耐热漆包线，是指热分级在 155（F）级及以上的漆包线，例如聚酯亚胺漆包线（代号 QZY）、聚酰亚胺漆包线（代号 QY）、聚酰胺酰亚胺漆包线（代号 QXY）等。

3）特种漆包线，是指具有某种质量特性要求的漆包线，是用于特定场合的绕组线，如自粘漆包线和变频电机用抗电晕漆包线。

① 变频电机用抗电晕漆包线。该漆包线简称为变频电磁线。变频电磁线用于制作变频调速专用电机的绕组，为了和常用的普通漆包线相区别，常使用橘黄色涂漆（普通漆包线较常使用紫铜色涂漆）。和普通电磁线相比，变频电磁线具有较高的耐冲击电压能力，可在很大程度上适应变频器输出的高频脉冲冲击，可以减少匝间击穿的概率。但其漆膜厚度较厚（和普通漆包线相比，增加了一层抗高频脉冲电压的绝缘层）、价格比普通电磁线略高。下面简单介绍一下变频电磁线的产生过程。

交流电机变频调速技术是最近几十年发展起来的，现已成熟并得到越来越广泛的应用。20 世纪 90 年代初，变频调速电机绝缘过早损坏（许多电机寿命只有 1 ~ 2 年，甚至更短）的现象，引起了美国和欧洲一些国家专业研究人员的重视，并开展了对其所用电磁线的研究。研究结果认为，绝缘系统的损坏是由线圈局部放电、局部介电加热和空间电荷的形成等因素造成的。

如何使漆包线能够耐电晕呢？美国 Phelps Dodge 公司于 1995 年首次推出了中间加屏蔽层的聚酯亚胺/聚酰胺酰亚胺三涂层漆包线，屏蔽层是掺有钛、硅、锑、铬等固态金属氧化物的有机涂层。这种带屏蔽层的复合漆包线具有抗电晕的作用。1998 年，德国 Herberts 公司推出了能改善局部放电性能的耐高温漆包线漆，这种漆可以直接涂于导体表面而不影响其他性能。1999 年，美国 P. D. George 公司利用纳米技术对金属氧化物进行细化处理，使其附着性能大为改善，并应用于复合漆包线的面层。这些抗电晕漆包线的推广应用，大大提高了变频调速电机的使用寿命。后来经过多次改进，性能越来越完美，价格逐渐降低，现已得到广泛应用。

② 自粘漆包线。自粘漆包线属于复合涂层漆包线，目前大致分为两种：自粘聚酯漆包线和自粘聚氨酯漆包线。用自粘漆包线绕制的线圈不仅可用烘焙的方法在短时间内自行粘合成型固化，省去了浸绝缘漆的过程和所用材料，而且在焊接头时不必预先除去漆膜，可直接搪锡、焊接（称为具有"直焊性"）。因此，大大简化了工艺，提高了生产效率。目前主要用于微型电机。

2. 绕包线

以纤维材料或薄膜材料作为绝缘层的电磁线，截面一般为矩形，如图 1-8b 所示。绕包线用于制作中大型低压和高压电机的成型绕组。

a) 漆包线　　　　　　　　　　b) 绕包线

图 1-8　电机常用电磁线成品

1.3.1.2　漆包线的代号

漆包线的代号由字母和数字组成，国产漆包线代号中的字母，绝大部分是相应中文汉语拼音的字头，例如"Q"代表"漆包线"。

漆包圆铜线的代号

漆包圆铜线的代号由以下 5 部分组成：

1）系列代号——用符号 Q 表示漆包线，这里所用的漆为油性漆。

2）导线材料代号——用 T 表示铜（省略，不给出）；用 L 表示铝；用 CCA 表示铜包铝（此代号不是汉语拼音字母组成的，是英语 copper clad aluminium 的缩写，其中，copper 为"铜"；clad 为"覆盖"或"在一种金属外覆以另一种金属"；aluminium 为"铝"）。

3）绝缘材料（漆）代号——用 Z 表示聚酯类漆；用 A 表示聚氨酯类漆；用 Y 表示聚酯亚胺类漆，其他详见表 1-2。

4）漆膜厚度代号——用数字 1 代表 1 级漆膜（薄漆膜）；用数字 2 代表 2 级漆膜（厚漆膜）。

5）耐热分级代号——用…/×××表示绝缘漆的耐热分级，其中"…"是前面的第 4）项内容，"×××"为对应的热分级温度指数，例如"155"为耐热温度是 155℃（即 F 级）。

举例说明如下：

QZY – 2/155 为聚酯亚胺类漆、2 级漆膜（厚漆膜）、耐热温度为 155℃（即 F 级）的铜导体漆包线。

QZL – 2/130 为聚酯类漆、2 级漆膜（厚漆膜）、耐热温度为 130℃（即 B 级）的铝导体漆包线。

表1-2　电磁线型号的含义

绝缘层材料				导体	
绝缘漆	绝缘纤维	其他绝缘层	绝缘特征	材料	特性
Q – 油性漆	M – 棉纱	V – 聚氯乙烯	B – 编制	L – 铝线	Y—圆线（省略）
QA – 聚氨酯漆	SB – 玻璃丝	YM – 氧化膜	C – 醇酸胶粘漆浸渍	CCA—铜包铝	B – 扁线
QG – 硅有机漆	SR – 人造丝		E – 双层	TWC – 无磁性铜	D – 带箔
QH – 环氧漆	ST – 天然丝		G – 硅有机胶粘漆浸渍		J – 绞制
QQ – 缩醛漆	Z – 纸		J – 加厚		K – 空心线
QXY – 聚酰胺酰亚胺漆			N – 自粘性		R – 柔软
QY – 聚酰亚胺漆			NS—耐水		
QZ – 聚酯漆			F – 耐制冷性		
QZ（G）– 改性聚酯漆			S – 彩色，三层		
QZY – 聚酯亚胺漆			KD – 抗电晕		

注：当型号字母后加"– 1"时，表示薄漆层；加"– 2"时，表示厚漆层；加"– 3"时，表示特厚漆层。例如：QZL – 1 为薄漆层聚酯漆包铝线。

常用电磁线的规格见附录 1 和附录 2。

1.3.2　漆包线的线材和制作工艺简介

漆包线的线材质量很重要，这是显而易见的。以铜线为例，在行业中，线材有"黑杆""低氧杆""无氧杆"3 种，其中"黑杆"质量较差，其中含杂质较多，机械性能不好，虽然价格较低，但也不适合使用；"低氧杆"和"无氧杆"指的是材质中含氧元素的量，前者含少量的氧元素，目前被大量使用，后者含氧量极少，其电阻率最小、机械性能最好，但因价格相对较高，所以只在要求较高的场合使用。

另外，制作工艺在很大程度上也会决定它的最终质量。拉丝过程决定了导线粗细的均匀度，这一点比较好理解。涂漆工艺则相对专业一些。图 1-9 是拉丝完成后漆包线的制造工艺流程概况。

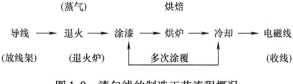

图 1-9　漆包线的制造工艺流程概况

1.3.3　漆包线的涂漆工艺简介

涂漆过程是使导体附上漆液并经烘干等过程形成坚固的绝缘漆膜。根据导线材料、形状或规格以及所涂漆液品种，有不同的涂漆方法，目前常用的有毛毡法和模具法两种，另外还有一种电泳法涂漆。

1. 毛毡法

毛毡法涂漆适用于低黏度漆和线材直径较小（线径在 0.2mm 或 0.15mm 以下）的场合，是小型漆包线生产厂较常用的涂漆方法，将被拉成截面积符合要求的圆金属线通过一块含有漆液的毛毡，使毛毡中的漆液附着在圆金属线表面，之后经过烘干等环节形成漆膜。毛毡法涂漆的设备和生产成本都比较低，但涂漆质量较差，主要是容易产生漆瘤，漆的附着力也较低，致使在电机嵌线和整形过程中容易造成漆皮脱落，形成匝间短路。随着电机对绝缘的要求不断提高，这种方法已逐渐被淘汰。

2. 模具法

模具法涂漆是使用孔形及尺寸特定的模具，将涂在导线上多余的漆液刮去，使之形成均匀漆膜的涂漆方法。

模具法涂漆通常是把模具放在模具支架上，模具在支架上可以在一定范围内做上下、前后、左右自由运动。模具法涂漆是用模具来控制涂漆量，最关键的是配模。配模时要根据漆的黏度、固体含量和成品线的质量标准以及漆包线的工艺参数来进行。制定合理的配模工艺也就是确定每道模子的孔径大小。模具由模芯和模套两部分组成，模芯通常由耐磨材料制造，如碳化钨、碳化锰、陶瓷和硬质合金等。目前最新科研发展，已将红宝石、蓝宝石，甚至钻石等用来制造模芯材料，这些宝石在中小规格模具上使用。模套材料一般采用不锈钢或黄铜。

模具法涂漆的优点如下：

1）模具法涂漆不仅适合于高黏度漆，而且还适用于高速度生产。它是目前流行的或者说适合的涂漆方法。生产规格在 0.20mm 以上的卧式机绝大部分采用模具法涂漆，卧式机模具法涂漆的最小规格目前已达 0.15mm。

2）模具法涂漆的漆膜厚度易于掌握，外径圆整度基本不变。

3）可节约溶剂、铜材和涂漆材料；降低成本，减少污染。模具法涂漆可以采用高固体含量的高黏度漆，可以省去在制漆时与调漆时加入的溶剂，而这些溶剂只是毛毡法涂漆工艺的要求，不是漆膜的有效成分。节省了溶剂不但降低了成本，还可以减少污染。模具有很好的耐磨性，可以连续长时间应用于生产。

模具法涂漆的缺点如下：

1）对导体的尺寸偏差要求严，配模困难，接头粗大时会通不过模具而拉断导线，不适合于不带连拉的漆包机。

2）对操作人员的技术水平要求高。

3）生产过程中更换规格时必须停车更换全套模具，造成一部分导线浪费，不适用于小批量生产。

图 1-10a 是运行中的卧式圆铜线模具法涂漆设备的局部图；图 1-10b 是运行中的立式圆铜线模具法涂漆设备的局部图；图 1-10c 是模具的外形和剖面图。

3. 电泳法

电泳法涂漆是使水中能电离而溶解的漆液在直流电场作用下，将漆基树脂涂在导线上的涂漆工艺。

a) 运行中的卧式圆铜线模具法涂漆设备的局部图

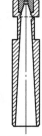

b) 运行中的立式圆铜线模具法涂漆设备的局部图　　　c) 模具的外形和剖面图

图 1-10　圆铜线模具法涂漆设备（局部）和模具

电泳法涂漆的优点：一次涂漆即可达到需要的厚度，如控制一定的电流密度，可使漆膜厚度均匀，尤其适合扁线涂漆，可克服用毛毡法或模具法涂漆时边角涂不厚的缺点，省去了毛毡、模具等器具。水溶剂漆的溶剂以水为主，可省去大量有机溶剂，从而减少对环境的污染。电泳法涂漆后导线上的漆基含量挥发物少（10%～20%），可减少固化所需的热量，漆膜的附着性好。

电泳法涂漆的缺点：由于只有一次涂漆就要达到标准规定的漆膜厚度，受烘焙方式的限制，行线速度不能太快。若采用高频感应加热等新的烘焙工艺，可提高行线速度。

1.3.4　电磁线（绕组线）的常规质量检验

在购入的电磁线（又称为绕组线）到货后入库前（或使用前）应对其质量进行一些必要的检验，确定符合相关标准后方可入库和使用。检验和判定质量标准时，应根据所检导线的品种选用不同的标准。电磁线常用的检验标准为 GB/T 4074 系列、漆包线技术要求标准为 GB/T 6109 系列、绕包线技术要求标准为 GB/T 7672 系列，具体见附录1。

这里所说的常规检验，是指具有一定条件的电机生产厂家对进厂电磁线的验收检验。其中包括外观、机械尺寸和机械性能、电性能等。下面进行简单的介绍。

1. 外观

对于整轴导线，要求排线整齐、平整紧密地绕在线盘（俗称线轴）上；漆包线表面（外观）应光洁、色泽均匀，无粒子或漆瘤，无氧化、发毛、阴阳面（颜色有深有浅）、黑斑点、脱漆等影响性能的缺陷。

2. 外形尺寸（截面尺寸）、漆膜和外包绝缘层厚度

外形尺寸是指包括绝缘漆膜和外包绝缘层的截面尺寸，直径用 D 表示；导体尺寸是指去除绝缘层后金属线导体的截面尺寸，直径用 d 表示；漆膜厚度用 t 表示。计量单位均为 mm。

用精确度为 0.002mm 的外径千分尺测量。

测量时，应根据线径的不同，施加不同的测量力，规定如下：

漆包圆线：$d < 0.100$mm 时，测力为 0.1 ~ 1.0N ；$d \geqslant 0.100$mm 时，测力为 1 ~ 8N。

漆包扁线：测力为 4 ~ 8N。

（1）外形尺寸测量

对于圆导线，当导体标称直径 $d \leqslant 0.200$mm 时，在相距各 1m 的 3 个位置，各测量 1 次外径，记录 3 个测量值，取其平均值作为外径实测值 D；当导体标称直径 $d > 0.200$mm 时，相距 1m 的 2 个位置上，每个位置沿线周均分测量 3 次外径，记录 6 个测量值，取其平均值作为外径实测值 D。

对于扁线，相距各 100mm 的 3 个位置上各测量宽边和窄边尺寸各 1 次，取其 3 个测量值的平均值作为宽边和窄边的外形尺寸实测值。

（2）导体尺寸测量

导体尺寸是指去掉外层绝缘后导线的截面尺寸。测量规定同上述（1）。

（3）漆膜和外包绝缘层的厚度

漆膜和外包绝缘层的厚度 t 即上述个测量点测量的导体尺寸与外形尺寸之差的最小值。

3. 机械性能

机械性能包括伸长率、回弹角、柔软度和附着性、刮漆、抗拉强度等。其中：伸长率反映材料的塑性变性，用其来考核漆包线的延展性；回弹角和柔软度则反映材料的弹性变形，用其来考核漆包线的柔软度。伸长率、回弹角和柔软度的好坏反映了铜材质量和漆包线退火程度影响漆包线的伸长率。漆膜的韧性包括卷绕、拉伸，即漆膜随导体拉伸变形而不破裂的允许拉伸变形量。

漆膜的附着性包括急拉断、剥离，用其来考核漆膜对导体的附着性能力。

漆包线漆膜的耐刮试验反映漆膜抗机械刮伤的强度。

4. 耐热性能

耐热性能包括热冲击和软化击穿性能。漆包线的热冲击是体现漆包线的漆膜在机械应力作用下对热的承受能力。漆包线的软化击穿性能是衡量漆包线的漆膜在机械力作用下忍受热变形的能力，即受压力的漆膜在高温下塑化变软的能力。

5. 电性能

电性能包括击穿电压、漆膜连续性、直流电阻。

击穿电压是指漆包线漆膜所承受的电压负荷的能力。

漆膜连续性是指漆膜具有针孔的情况。

直流电阻是指所测得的单位长度导线的电阻值。

6. 耐化学性能

耐化学性能包括耐溶剂性能。耐溶剂性能指一般漆包线在绕制成线圈后，要经过浸渍过程，浸渍漆中的溶剂对漆膜有不同程度的溶胀作用，该作用在较高的温度下更甚。漆包线漆膜的耐化学性能主要取决于漆膜本身的特性。

上述性能的检测和试验方法按相关标准规定进行。有必要时请查阅对应的条款，本书不做介绍。

7. 漆包线线盘及包装方面的要求

漆包线包装所使用的线盘是根据用户的要求而定的。近年来，为了提高劳动生产率，许多电机制造厂家都使用高速自动绕线机，绕制线圈和采用越端式放线装置。因此，要求漆包线生产厂采用大容量的锥形线盘装线的越来越多。漆包线所使用的各类线盘必须满足其相应标准的要求。

按照 GB/T 6109.1—1990 标准的规定，每个包装件上的线段应不超过一个（供需双方另有协议的除外）。

除以上要求外，每个包装件上应有标签，标明制造厂名和商标、产品型号、规格（mm）、净重（kg）、制造日期及标准编号等。每批货物还应有装箱单和产品质量合格证书等要求。

1.4 电机常用绝缘材料和辅料相关知识

电机常用的绝缘材料：对低压电机，包括槽绝缘、相间绝缘、层间绝缘等；对于高压电机，其线圈绝大部分是包好绝缘的，使用的绝缘材料有多胶或少胶粉云母带、3240 玻璃布板、聚酯纤维纸 + 聚酯薄膜（DM）、聚酯薄膜（M）、防晕涂料（对额定电压 6kV 以上的电机）等；在铁心槽中则一般不再放置绝缘材料。

这些材料的耐热等级都应达到整机的绝缘耐热等级要求。

1.4.1 槽绝缘、层间绝缘和相间绝缘

低压电机需要在铁心槽内放置槽绝缘；对双层绕组，要在槽内上下层之间放置层间绝缘；另外，在绕组端部，还要在两相绕组之间放置相间绝缘。这些绝缘采用一种叫作"聚酯薄膜聚酯纤维纸复合箔"的材料，简称为"DMD"，其中：M 代表"聚酯薄膜"；"D"代表"聚酯纤维纸"，也叫"聚酯纤维无纺布"，简称"无纺布"，有粉色、浅蓝色、白色等，如图 1-11 所示。

图 1-11 低压电机用绝缘材料（DMD）

1.4.2 绑扎带

绑扎带用于绑扎绕组端部，全称为电工用树脂浸渍玻璃纤维无纬绑扎带，因为常用白色的，所以俗称其为白布带，如图 1-12 所示。执行标准为 JB/T 6236.3—1992《电工用树脂浸渍玻璃纤维无纬绑扎带 技术条件》。

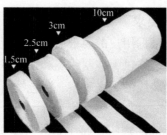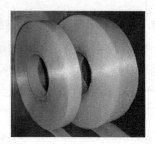

图 1-12　玻璃纤维无纬绑扎带

在 JB/T 6236.3—1992 中规定的型号、分类以及规格和绝缘耐热等级（温度指数，单位为℃）如下：

1. 型号与分类

网状无纬绑扎带的型号与分类见表 1-3，型号中各部分代表的含义示例如图 1-13 所示。

表 1-3　网状无纬绑扎带的型号与分类（依据 JB/T 2197—1996）

型号	名　　称	耐热等级（温度指数）/℃
2830 – W	不饱和聚酯树脂浸渍玻璃纤维网状无纬绑扎带	130
2841 – W	环氧树脂浸渍玻璃纤维网状无纬绑扎带	155
2843 – W	高强度不饱和聚酯树脂浸渍玻璃纤维网状无纬绑扎带	
2853 – W	不饱和聚酯树脂浸渍玻璃纤维网状无纬绑扎带	180
2861 – W		200

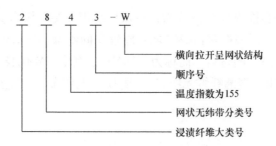

图 1-13　网状无纬绑扎带的型号含义示例

2. 规格

除另有规定，网状无纬绑扎带的规格参数见表 1-4。

表 1-4　网状无纬绑扎带的规格参数

参数名称	标称值	极限偏差
厚度/mm	0.20，0.30	±0.03
宽度/mm	10	±1.0
	15	±1.5
	20，25，30，40，50，60	±2.0

（续）

参数名称			标称值	极限偏差
长度/m	盘		100	+1
			200	+2
	卷筒	10mm 宽	800	+3
		15mm 宽	500	
		20mm 宽	1800	+5
		25mm 宽	1500	

中小型电机常用规格为厚 0.20mm、宽 25mm。

对于使用单位，对绑扎带主要侧重于对其外观的检查，具体要求是：浸漆均匀、平整、具有一定的黏性（但不黏连）和柔软性，横向拉开时呈网状，且无杂质和断裂。

1.4.3　环氧树脂板和环氧酚醛层压玻璃布板

环氧树脂板和环氧酚醛层压玻璃布板常用于低压和高压电机双层绕组的槽底和层间绝缘，在使用硬绕组的绕线转子绕组端部固定时，用其作为上下线棒之间的垫层。有几种不同的颜色，常用浅黄色，如图 1-14 所示。

图 1-14　环氧树脂板和环氧酚醛层压玻璃布板

1.4.4　绝缘套管

绝缘套管用于套在导线连接处，作为补充和加强连接处的绝缘。常用的为丙烯酸酯玻璃纤维软管，如图 1-15 所示。执行标准为 JB/T 8151.3—1999。在该标准中，规定的型号是 2740-1、2740-2 和 2740-3，分别适用于高击穿电压、中击穿电压和低击穿电压，均可运行在温度为 155℃ 及以下的绝缘结构中。

另外还使用硅橡胶玻璃纤维软管（JB/T 8151.1—1999）和聚氯乙烯玻璃纤维软管（JB/T 8151.2—1999）。

图 1-15　绝缘套管（丙烯酸酯玻璃纤维软管 2740-1）

1.4.5 热缩套管

热缩套管有 PVC 和 EVA 两种材质的产品。电压等级一般为交流600V。

PVC（聚氯乙烯）热缩套管具有遇热收缩的特殊功能，加热98℃以上即可收缩，使用方便。产品按耐温分为85℃和105℃两大系列。

EVA（聚烯烃）材质的热收缩套管性能好于 PVC 热缩套管，具有柔软阻燃、绝缘防蚀的功能，广泛应用于各种线束、焊点、电感的绝缘保护。

使用时，把热缩管加热到高弹态，施加载荷使其扩张，在保持扩张的情况下快速冷却，使其进入玻璃态，这种状态就固定住了。在电机生产中，热缩套管主要用在导线连接处的最外层，一方面起绝缘作用，另一方面，也是其主要功能，是可以牢固地附着在绝缘外层，对内层绝缘起到保护作用。

图 1-16 是不同颜色和形状的热缩套管和加热操作图。

图 1-16　热缩套管和加热操作图

1.4.6 槽楔

槽楔用于封堵铁心槽中的导线。依据其所用材料，分普通槽楔（含竹子槽楔、引拔槽楔和玻璃层压布板槽楔）和磁性槽楔（含引拔磁性槽楔和玻璃层压布板磁性槽楔）两大类。

1. 普通槽楔

普通槽楔用于绝大部分电机。早期曾主要使用浸过漆的竹子槽楔，现今则以玻璃纤维材料制作的引拔槽楔和玻璃布层压板槽楔为主，如图 1-17 所示。

图 1-17　玻璃纤维引拔槽楔

2. 磁性槽楔

为了改善某些性能，有些电机还会用一种磁性槽楔。

磁性槽楔是一种导磁槽楔。磁性槽楔是在树脂中均匀加入还原性铁粉（铁粉粒度为100～400目），用无碱玻纤布复合增强热压成导磁板。磁性槽楔的颜色较深，常为深灰色，如图 1-18 所示。

图 1-18 磁性槽楔

（1）磁性槽楔的特点

1）节能。电机采用磁性槽楔减少了励磁电流，可提高功率因数和效率。

2）延长电机寿命。电机采用磁性槽楔，可降低铁心损耗和电机温升，减小电磁噪声和振动。

3）降低起动转矩。由于磁性槽楔是导磁体，因此使电机的漏磁增强，起动转矩有所下降。

4）安装简便、便于维修。磁性槽楔适合在所有开口槽电机上使用，安装方法与竹制、环氧布板槽楔相同，修理时优于磁泥，可采取一次性整体退槽或破坏性退槽，残留物在槽中容易清理干净。

（2）磁性槽楔的种类

现用的磁性槽楔主要有如下 3 种：

1）模压磁性槽楔。其优点是强度高、导磁强；缺点是生产效率低、价格很高。

2）磁性板槽楔。其优点是强度高、导磁强、生产效率高、价格适中、适合批量生产；缺点是损耗大。

3）磁性引拔槽楔。其优点是纵向强度很高、生产效率高、价格较便宜、适合批量生产；缺点是横向强度较低、磁导率相对较低。

3. 技术要求和检验方法

槽楔的技术要求和检验方法在 JB/T 10508—2020《中小电机用槽楔 技术要求》中规定。在此主要给出性能要求中的部分内容，检验的方法给出了较简单易行的部分，如有需要，详细内容请查阅相关标准。

（1）外观

1）引拔槽楔和磁性引拔槽楔：表面应平整光滑；无裸露纤维、气泡、杂质；端部无开裂现象。

2）玻璃布层压板槽楔和磁性玻璃布层压板槽楔：表面应平整；加工面应平直；无开裂和烧焦痕迹；内部无分层裂纹。

外观检查以检查人员的感官为主，有必要时可使用放大镜等工具。

（2）尺寸

长度尺寸公差应符合 GB/T 1804—2000 中的 C 精度的要求；宽度和厚度尺寸公差应符合 GB/T 1804—2000 中的中等 M 精度的要求。用游标卡尺进行测量，其宽度和厚度尺寸应取两端和中央部位的平均值。

（3）性能

性能要求详见表 1-5 和表 1-6。

表1-5 引拔槽楔和玻璃布层压板槽楔性能要求

序号	指标名称	要求
1	密度/（g/cm²）	≥1.7
2	吸水性（%）	≤0.5
3	沿面耐电压（试验电压12kV，试验时长1min）	不击穿，无闪络
4	弯曲强度/MPa	≥340
5	抗劈强度①/（N/10mm）	≥600
6	热稳定性（200℃，历时24h）	不分层，不开裂
7	阻燃性［灼热丝法，(960±15)℃，历时(30±1) s］	合格

① 抗劈强度仅适用于引拔槽楔，层压板槽楔对此不做要求。

表1-6 磁性引拔槽楔和磁性玻璃布层压板槽楔性能要求

序号	指标名称		要求
1	密度/（g/cm²）		≥2.5
2	吸水性（%）		≤0.5
3	弯曲强度/MPa	F级	≥180
		H级	≥195
4	抗劈强度①/（N/10mm）		≥600
5	热稳定性（200℃，历时24h）		不分层，不开裂
6	相对磁导率/（80kA/m）		≥3.0
7	阻燃性［灼热丝法，(960±15)℃，历时(30±1) s］		合格

① 抗劈强度仅适用于磁性引拔槽楔，磁性层压板槽楔对此不做要求。

（4）性能的检测方法

1）密度。按GB/T 1033中A法（浸渍法）进行试验。

2）吸水性。按GB/T 1034中方法1进行试验。取3个试样，称量试样在干燥时的质量后，使其完全浸泡在（23±2）℃的蒸馏水中（24±1）h后，取出并擦去表面上的水，之后在1min时间内称重，精确到±1mg。计算吸水量的百分数，以3个试样的平均值（取2位有效数字）作为试验结果。

3）沿面耐电压。按GB/T 1408.1进行试验。电极采用两片25mm宽的铝箔，间距30mm，取3个试样。试验时，施加12kV电压，历时1min。

4）弯曲强度。按GB/T 9341进行试验，用试验拉力机进行。取5个试验值的中间值作为试验结果，单位用MPa。

5）抗劈强度。用试验拉力机进行。试样长度为（20±0.2）mm，取5个。将试样水平放置在如图1-19所示的试验装置中，压头刃口方向与试样纤维方向相同。以50mm/min的速度施加负荷，直至试样劈裂。记录劈裂时施加的负荷值$P/2$（单位为N），计算5个负荷值的平均值。抗劈强度$\delta = P/2$（单位为N/10mm）。

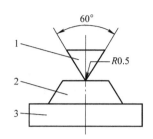

图 1-19 抗劈强度试验装置示意图
1—压头 2—试样 3—试验平台

6）热稳定性。将 3 个试样放置于电热恒湿干燥箱中（24±1）h 后，取出冷却至室温。目测观察，试样是否有分层和开裂现象。

7）相对磁导率。按 GB/T 3217 进行试验，采用的磁场强度为 80kA/m。

8）阻燃性。依据 GB/T 5169.11 的灼热丝法进行着火危险试验。试样须经受住试验温度为（960±15）℃、持续时间为（30±1）s 的灼热丝法试验。

1.5 常见故障名词解释

在讲述电机常见故障及原因时，常会出现一些专用名词，其中大部分是相关标准中给出的，有些则属于电机行业内惯用的简称或俗称。现将与本书内容有关的几个解释如下。

1.5.1 三相不平衡度

对于三相电机，三相不平衡度包括三相电压不平衡度、三相电流不平衡度和三相电阻不平衡度。现以三相电流不平衡度为例，说明其计算方法如下：

三相电流不平衡度是 3 个实测电流 I_1、I_2、I_3 中最大（I_{max}）或最小（I_{min}）的一个数值与三相平均值 $I_P = (I_1 + I_2 + I_3)/3$ 之差占三相平均值 I_P 的百分数，用 ΔI 表示，即

$$\Delta I = \frac{I_{max} - I_P}{I_P} \times 100\% \quad 或 \quad \Delta I = \frac{I_{min} - I_P}{I_P} \times 100\% \tag{1-4}$$

举例：测得三相空载电流分别为 $I_{01} = 28A$、$I_{02} = 28.7A$ 和 $I_{03} = 25A$，则其平均值为

$$I_{0P} = (28 + 28.7 + 25)A/3 \approx 27.23A$$

三相中 $I_{0max} = 28.7A$、$I_{0min} = 25A$，则三相空载电流的不平衡度计算值 ΔI_0 为

$$\Delta I_0 = \frac{I_{0max} - I_{0P}}{I_{0P}} \times 100\% = \frac{28.7 - 27.23}{27.23} \times 100\% \approx 5.4\%$$

$$或 \quad \Delta I_0 = \frac{I_{0min} - I_{0P}}{I_{0P}} \times 100\% = \frac{25 - 27.23}{27.23} \times 100\% \approx -8.2\%$$

相关标准中规定，取其中绝对值较大的作为判定结果，则三相空载电流的不平衡度 ΔI_0 为 −8.2%。常用三相异步电动机的空载电流不平衡度规定为不超过 ±10%。按此标准，此电机的空载电流不平衡度合格。

1.5.2　匝间、相间、对地短路

1. 匝间短路

一个线圈内不同线匝之间因绝缘不良而产生的短路，习惯简称为"匝间"。匝间短路可发生在任何部位，但发生在绕组端部的较多，如图1-20a和图1-20b所示。

2. 相间短路

三相绕组中，两相绕组之间因绝缘不良而产生的短路，习惯简称为"相间"，发生部位大部分在绕组端部，如图1-20b所示。对于双层绕组，若在同一个槽中的上下层是不同相的线圈边，则也可能发生在槽内上下层之间。

3. 对地短路

绕组及其他带电部分（例如引出线、接线装置等）与机壳、铁心等金属部件之间，因绝缘不良而发生的短路，统称为"对地短路"，习惯简称为"对地"。绕组在槽口处与铁心发生短路的情况较多，引出线与铁心或机壳之间、绕组在槽内与铁心短路有时也会发生，如图1-20a和图1-20c所示。

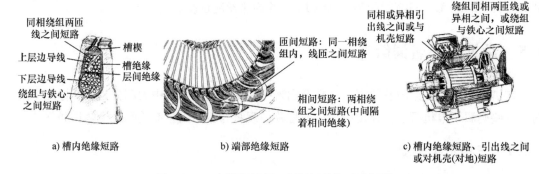

a) 槽内绝缘短路　　　　b) 端部绝缘短路　　　　c) 槽内绝缘短路、引出线之间或对机壳(地)短路

图1-20　三相绕组匝间、相间短路和对地短路

1.5.3　缺相（断相）

此项仅对三相绕组电机。一般指有一相或两相因电源设备（含变压器、供电线路开关元件、线路连接点等部件）故障未通电的现象。较常发生的是缺（断）一相，缺（断）两相则通电时电机将无任何反应。

有时也会出现因电机接线装置接线部位松动未连接、引出线断开、内部绕组断开等故障，造成缺少一相电源或一相绕组断电的情况。实际上也应属于"缺相"的范畴。

电动机在电源缺相的情况下通电起动时，一般不能正常起动，三相电流不平衡度很大，并发出较大的"嗡嗡"声；在运行中发生缺相故障时，会发出不正常的声音和振动，同时转速下降，温度很快升高。若没有电路过电流保护，两种情况都会导致电机过热烧毁。

1.6　常用仪器仪表的使用方法

在本书所涉及的电机生产工艺过程中，多个环节需要用仪器仪表对原材料和产品进行检测。本节仅介绍其中几个便携式常用仪器仪表，相对复杂的成套仪器设备将在第9章中讲述

对应试验时详细介绍。

1.6.1 万用表

1. 分类和主要功能

万用表是电机生产和修理工作中最常用的仪表之一，有传统的指针式和现代的数字式两大类。虽然后者在很多方面优于前者，例如准确度可达到 1 级以上（指针式测量直流电压时为 2.5 级，测量交流电压时为 5.0 级），除可测量交流和直流电压、直流电流和电阻之外，很多类型还可测量温度、电容量、频率、晶体管的性能参数以及判定三相电源的相序等，但在某些需要观察连续变化过程的场合，指针式万用表的作用还是不可代替的。

虽然万用表的品种极多（图 1-21 是几种示例），但其功能和使用方法却大体相同。常用万用表都具有以下 4 项主要功能：

1）测量导体的直流电阻。一般最小分度为 0.2Ω，最大量程（可读值）在 $5M\Omega$ 以内。

2）测量交流电压。一般最大量程为 500V，有的可达到 1500V 或 2000V 等。

3）测量直流电压。量程同交流电压。

4）测量直流电流。一般最大量程在 2.5A 以下。

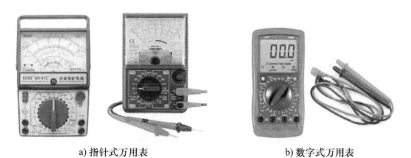

a) 指针式万用表 b) 数字式万用表

图 1-21　万用表外形示例

2. 使用万用表的通用注意事项

1）应根据被测量的类型（例如是电压还是电阻）来选择万用表的功能键或旋钮位置。

2）根据被测量的大小来选择量程。选择原则是使被测量在使用量程的 25% ~ 95% 之间（指针式万用表测量电阻除外，下同），最好在 75% ~ 95% 之间，其目的是保证测量的准确度。如果事先无法知道被测量的大小，则应先选择较大的量程，待实际测量后再根据情况改变为合适的量程。但要注意，改换量程时要事先脱离测量状态，即不可在测量当中转换量程旋钮或按键，否则将有可能烧坏转换元件和电路。

3）在测量之前，要看指针是否在零位线上，若不在，则应通过旋转调整螺钉将其调整到零位线上。

4）要检查表笔和引接线的绝缘情况，如发现有破损情况，应进行加强绝缘处理或更换新品。其目的是防止触电事故的发生。

5）要检查表笔和插座等连接部位的接触情况，如发现有接触不良的现象时，应事先进行处理。其目的是防止因接触不良、电阻较大而造成测量数值的不稳定和较大误差。

6）绝对禁止在通电测量的过程中改变量程或更换测量项目。

7）测量较高的交流电压时，应戴手套，穿绝缘鞋。注意防止对地或相间短路。

8）长期不用时，应将仪表内的电池取出，并将仪表包装好后放置在干燥、无尘、无腐蚀性气体和无振动的地方。一般应水平放置。

3. 指针式万用表的结构和元件用途

常见的指针式万用表主要结构如图 1-22a 所示。其部件名称和功能如下：

（1）插孔

一般有"＋""－"（或"＊"，有的表用符号"COM"表示，称为"公共端"）两个。测量电阻时，"＋"端与表内的电池负极相接；"－"端与表内的电池正极相接。其他插孔有专用的高电压、大电流插孔，以及测量晶体管性能数据的专用插孔等。

（2）表笔

一般为红、黑两种颜色各一支。红色的与"＋"端口相接；黑色的与"－"（或"＊""COM"）端口相接。使用时应特别注意避免插接松动造成接触不良和绝缘破损造成触电事故。

（3）刻度盘

指针式万用表的刻度盘具有多条刻度线，如图 1-22b 所示。最上面的一条是电阻刻度线，其零位在右边；从上数第 2 条为直流（DC）电压和电流及交流（AC）电压刻度线，其零位均在左边，应注意所标注的数字有多种，应按选用的量程选择其中的一种，选择的原则是便于尽快地得出实际数值，例如测量 220V 左右的交流电压时，量程确定为 250V，则所得读数则为实际测量值，选择其他的数据则需要换算。图 1-22b 电阻与电压电流刻度线之间的黑色宽线条实际为一个镜面，其用途是在读表时帮助确定视线的准确方向，即当在镜子里看不到指针的影子时视线的方向最正确，此时看到的指针指示值也就最准确。

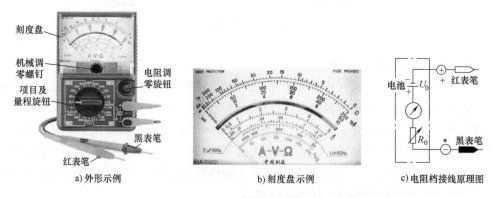

a)外形示例　　　　　b)刻度盘示例　　　　　c)电阻档接线原理图

图 1-22　普通指针式万用表

（4）机械调零螺钉

用于将指针调整到零位（刻度线最左边的 0 刻度线位置）。调整时，仪表应按规定位置放置，一般为水平状态。

（5）项目及量程旋钮

首先是用于确定测量项目，其次是选择被确定项目中的量程。旋动时，应注意确认到位

（可通过手感和发出的声响来确定）。

（6）电阻调零旋钮

在选定测量电阻并设定量程（实际为倍率，例如"×1k"）之后，用于将指针调整到电阻的零位（电阻刻度线最右边的 0 刻度线位置）。

4. 指针式万用表的使用方法

下面以图 1-23a 所示的指针式万用表为例，介绍它的 4 个主要功能的使用方法。

（1）测量电阻

先选择好电阻档的适当量程。和测量其他电量不同的做法有：除在使用之前要对指针进行调零外，在选择好电阻档的适当量程后，还要对指针进行"电阻调零"，并且每次设置量程之后都要进行一次，并且必须达到要求后才能进行测量，否则将造成较大的读数误差。

电阻调零的方法是：将两表笔短路，此时指针将很快摆到 0Ω 附近，若正好在 0Ω 线上，则认为电阻零位正确，否则要通过旋动电阻调零旋钮使其指到 0Ω 线上，如图 1-23a 所示。调整要迅速，时间过长将耗费较多的表内电池能量。若指针始终在 0Ω 线的左侧（有数字的一侧），则说明表内的电池电压已较低，不能满足要求，要更换新电池后再进行上述调整。

调整好零位后进行测量。应注意表笔和电阻引线要接触良好，以减小接触电阻对测量值的影响。如图 1-23b 所示，读数为 46，量程倍率为 ×100，则所测电阻值为 $100 \times 46\Omega = 4600\Omega = 4.6\text{k}\Omega$。

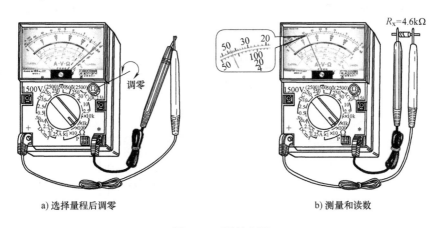

a) 选择量程后调零   b) 测量和读数

图 1-23   测量电阻

当被测电阻数值较大时（指 $1\text{k}\Omega$ 以上），两只手不要如图 1-24 所示的那样同时接触被测电阻的两极（两条引出线）。这是因为，正常情况下，人的两只手之间的电阻在几十 $\text{k}\Omega$ 到几百 $\text{k}\Omega$ 之间，当两只手同时接触被测电阻的两端时，等于在被测电阻的两端并联了一个电阻，所以将会使得到的测量读数小于被测电阻的实际值，被测电阻值越大，误差越大。

图 1-24   测量电阻时的错误手法

（2）测量直流电压

测量直流电压时，要与被测元件并联，并应注意黑色表笔和被测元件与电源的负极端相连的一端相接，红色表笔和被测元件与电源的正极端相连的一端相接，如图1-25所示。这样指针才会向有读数的方向（向右）摆动，否则指针将反转，有可能将指针打弯，严重时会使仪表损坏。

（3）测量直流电流

测量直流电流时，要将仪表串联在被测电路中，所以在测量之前要将被测电路断开并接入仪表，黑色表笔与直流电源的负极端相接，红色表笔与直流电源的正极端相接，如图1-26所示。

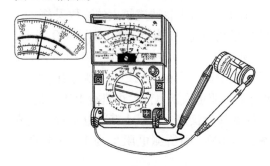 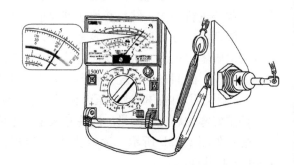

图1-25　测量直流电压　　　　　　　　　图1-26　测量直流电流

（4）测量交流电压

测量交流电压时，测量接线方式与测量直流电压的相同，只是不必考虑接线的极性问题，如图1-27所示。再次强调的一点是：测量较高电压时，要格外注意，防止发生触电事故。

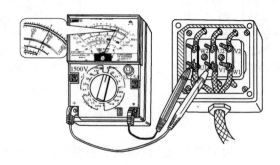

图1-27　测量交流电压

5. 数字式万用表

（1）类型和结构

数字式万用表的外形结构形式较多，但除显示测量数据的部分（包括两个调零元件）与指针式万用表完全不同外，表盘上的其他结构及元件与指针式万用表大体相同。

数字式万用表可测量的量除包括指针式万用表的4种之外，很多品种还具有测量温度、小容量电容、交流电的频率、三相电源的相序、小容量的电感等多种以前靠专用仪器仪表才能测量的物理量。所以功能旋钮（有的品种附加一定的功能选择按键）往往较大，插孔也较多。另外，一般会设置电源开关、数据保持键（在测量过程中按下该键后，显示屏中的数据将保持为按键瞬时的数值，便于读取和记录。再次按动该键，即可解除数据保持状态）。有些品种还具有数据储存功能。图1-28是一只数字式万用表的外形结构图。

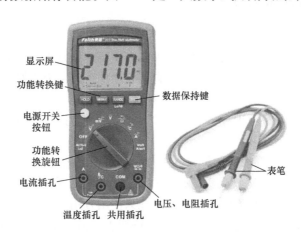

图 1-28　普通数字式万用表外形结构示例

（2）使用方法和注意事项

1）对于测量电阻、交流电压、直流电压和电流4项基本功能，数字式万用表的使用方法和注意事项与指针式万用表基本相同。因为数字式万用表的功能比指针式万用表多，所以在使用中更应注意使用前对所用项目的选择问题，以避免因设定位置错误得到错误读数，更严重的是对仪表造成损害。

2）当所测量的电量数值超出仪表设定的范围时，将不能显示测量值，而是显示 OR、OVER、OL、l 等符号。这一点与指针式仪表不同。

3）当测量直流电压和电流时，表笔与线路连接的正、负极不正确时，将在所显示的测量值前面出现一个负号"－"，例如"－3.2V"，应给予注意。

4）测量电容器的电容数值时，应事先对电容器进行充分放电。

5）普通数字式万用表不能测量变频器输出电压和电流（特别是电压），也不适宜测量频率很低的电流和电压（例如绕线转子电动机的转子电流）。

6）不便用于观察、测量较快变化过程中的数据，因为数字式万用表的显示值是一段时间（一般为1s）的平均值。

7）绝对禁止在通电测量的过程中改变量程或更换测量项目。

8）绝对不允许测量超过量程范围的高压电压。

9）绝大部分数字式万用表都需要注意防止水及其他液体（特别是具有腐蚀性的液体）的进入。一旦进入，应立即拆下电池，用吹热风（温度应控制在60℃以内）或其他有效的方式对其进行烘干处理。

10）因为数字式万用表所有测量项目都需要在仪表中安装电池，当该电池的电压较低时，将影响仪表的测量准确度，严重时将无法进行测量，所以应随时注意检查电池的使用情况，避免影响测量工作。另外，在不进行测量时，应将电源开关置于关断的位置（off），在较长时间不用时，应将电池全部取出。

11）在用测量二极管专用档位测量二极管的极性和正向、反向电阻时，应注意，数字式万用表两表笔与表内电池的正负极连接和指针式万用表（见图1-22c）相反。

1.6.2 钳形表（钳形电流表）

1. 类型及用途

钳形表原称钳形电流表，因为早期的这种仪表主要功能是用于测量交流电流，也是电工日常工作中最常用的测量仪表之一。特别是自该表增加了万用表能够测量的所有功能后，其用途则更加广泛，成为比"万用表"更加"万用"的仪表。

与万用表一样，按测量原理和显示数值的方式，可分为指针模拟式和数字式两大类，其中数字式的优缺点同数字式万用表。

图1-29为几种低压钳形表的示例，其中第一种是最老式的品种，测量量只有交流电流和交流电压两种，体积大，比较沉重，现已很少见到；第二种可以将电流钳部分与仪表分离，此时仪表部分即是一只普通的万用表，可在只使用万用表功能时方便携带和使用；最后两种则是测量较大导线截面（电流也较大）的特型表；另外，还有测量泄漏电流的专用钳形电流表等。现今常用的钳形表都是数字式的。

图1-29 低压钳形表示例

2. 结构和工作原理

不同类型的钳形表的结构可能有所不同，但其测量交流电流的部分基本相同，都是由可开启的钳形铁心（能开启的部分称为动铁心，其余称为静铁心）、动铁心开启扳手（钳口扳机）、交流电流表（整流系指针式万用表或数字式万用表）、电流量程选择旋钮（或按钮）、绕在静铁心上的二次绕组（通过电流量程选择机构与电流表相连）等4大部分组成。其余则与其功能相关（同万用表）。图1-30为一只低压钳形表的外形结构示例。

了解钳形表测量交流电流的元件组成之后，其测量交流电流的原理就很容易理解了。它相当于一个由一只电流互感器和一只交流电流表组成的交流电流测量系统，其电流互感器的铁心可以打开，将要测量的电路导线作为电流互感器的一次绕组，置于铁心中后再闭合形成一个完整的闭合铁心磁路，与绕在铁心上的二次绕组相连的电流表显示经电流互感器变换后的电流值，经过仪表内部的量程电路换算后得出实际测量电路的电流数值。

3. 测量交流电流的方法和注意事项

1）进行外观检查，要求各部件完好无损；钳把操作灵活；钳口铁心无锈、无油污和杂物（可用溶剂洗净），可动部分开合自如，接触紧密（以减少漏磁通、提高测量精度）；铁心绝缘护套应完好；档位变换应灵活、手感应明显。对于指针式钳形表，其指针应能自由摆动；将表平放，指针应指在零位，否则调至零位。

2）测量档位选择同万用表。

3）测量时，测试人员应戴手套（怕手湿、出汗，起一定的绝缘作用），平端仪表（对指针式仪表刻度盘处于水平放置时最能保证其准确度，数字式仪表可不考虑此要求），手不可超过绝缘挡圈。压下钳口扳机，张开钳口，将被测通电导线置于钳口中央后闭合钳口，如图1-31所示。

4）待显示数据稳定后读数。若现场观看或记录数据不方便，可按下数据保持键（键名符号为H、DH、HOLD或DATA等）后退出，将表拿到合适的地方后观看或记录。再次测量时，按动数据保持键，原显示数据则消失。有些仪表还具有数据存储功能，键名符号为MEM、MEM RCEL等。

5）测量过程中，不能带负荷更换档位。换档时，须先将导线退出钳口，换档后再钳入。

6）不能测量裸导线或高压线。

7）测量时，注意保持与带电体的安全距离，并注意不要造成电源相线之间或电源相线对地短路。

8）用完后，将转换开关置于电压最高档或断开档（off），以免下次使用时，不慎损坏仪表。妥善保存（放入表套，存放于干燥、无尘、无腐蚀性气体及无振动的地方）。

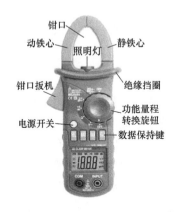

图1-30　低压钳形表外形结构示例　　　　图1-31　用低压钳形表测量交流电流

4. 测量较小电流的方法

如果选用最低量程档位而指针偏转角度（或显示数字）仍很小，或测量5A以下的小电流时，为提高测量精度，在条件允许的情况下，可通过增加一次线路的匝数的方法来增大读数。即将被测导线在铁心上绕几匝，再进行测量，此时实际电流应是仪表读数除以放入钳口中的导线圈数N（即导线中的电流值I_1 = 电流表读数/N，匝数N按钳口内通过的导线次数计算），例如图1-32所示的实例，电源线只穿过钳形表铁心1次时，仪表显示值为0.5A；导线通过铁心孔的次数N = 5时，显示值则为2.5A，即电路实际电流I_1 = 2.5A/5 = 0.5A。

5. 测量电路对地泄漏电流的方法

不论是单相还是三相电流，将相线和中性线全部置于钳口中，如图1-33所示。在电路通电的情况下，若仪表有电流指示，则指示值即为电路的对地泄漏电流。一般情况下，该电流值较小，所以此时一般应将量程设置在仪表较小或最小电流档位上。

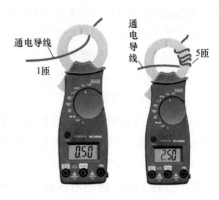

对于三相电源电路，由于导线的总截面积较大，所以往往需要具有较大钳口的钳形表，有些钳形表则专用于测量泄漏电流或设置一个专用测量泄漏电流的档位，使用起来会更专业和更方便。

图1-32　用钳形表测量较小电流的方法

此功能可用于检查电机对地绝缘泄漏情况。测量时被测电机应接好地线并施加额定电压空转或加负载运行。

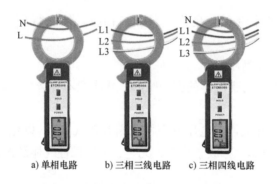

a) 单相电路　　b) 三相三线电路　　c) 三相四线电路

图1-33　用钳形表测量电路对地泄漏电流

1.6.3　三相交流电源相序测量仪

三相异步电动机转向是否正确的判定与电源相序有关。这是因为，电机标准中规定的旋转方向是以在按电源相序与电机绕组相序相同为前提条件下提出的。

确定三相电源的相序可采用专用的相序仪，该仪器有出售的成品，有些数字式万用表和钳形表也具备此功能，如图1-34所示。也可按图1-35所示的电路实物图自制。

使用时，将仪器3条线分别接电源3条相线，接通电源。对于常用的正、反指示灯式相序仪（图1-34a、b和图1-35b、c），此时，若标"正"的灯比标"反"的灯亮，则说明电源相序与相序仪接线相同；若"反"灯比"正"灯亮，则说明电源相序与相序仪接线相反。此时可任意调换一对接线后通电再试一次。

对于图1-34c、d所示的相序仪，在面板上有A、B、C三个指示灯以及铝盘旋转方向观察窗和一个电源开关。表的一侧引出3条测试线，用3种颜色来区别A、B、C三相。与三相通电的电源线连接后，按下相序表的开关按钮，观察铝盘转动的方向和灯泡的亮、灭情况。如果两个灯泡发亮且铝盘逆时针转动，说明假设相序不正确。调换一次接线后，再次测量，若3个灯泡都发亮且铝盘顺时针转动，说明假设相序正确。

电源相序确定后，用黄、绿、红3种颜色或A、B、C、U、V、W，L1、L2、L3等代号标在各线端上。标志应牢固清晰。

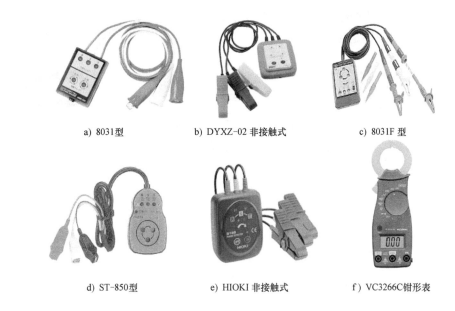

a) 8031型　　b) DYXZ-02 非接触式　　c) 8031F 型

d) ST-850型　　e) HIOKI 非接触式　　f) VC3266C钳形表

图 1-34　三相电源相序仪成品示例

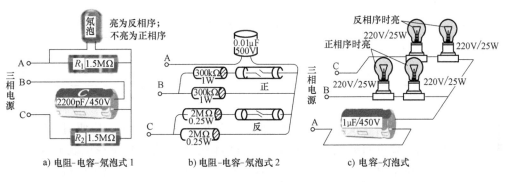

a) 电阻-电容-氖泡式 1　　b) 电阻-电容-氖泡式 2　　c) 电容-灯泡式

图 1-35　自制三相电源相序仪实物接线图示例

1.6.4　绝缘电阻表

1. 类型和选用原则

绝缘电阻表用于测量电气元件的绝缘电阻数值，其显示数值单位为兆欧（MΩ），所以习惯称为"兆欧表"。传统的绝缘电阻表为指针式，用内装的手摇式发电机发电供给测量电压，所以俗称为"摇表"，测量绝缘电阻时也经常称作"摇绝缘"。新型的绝缘电阻表利用内部的电子线路将内装电池的直流电压（一般在 9V 及以下）提高到所需的高电压。测量数据显示方式有指针式和数字式两种。图 1-36 给出了部分产品外形。

在测量时，需要输出一个规定的电压数值，该数值称为绝缘电阻表的额定电压，它是表征此类仪表规格的依据，例如额定电压为 500V 的则称为 "500V 绝缘电阻表"。常用的绝缘电阻表的规格有 250V、500V、1000V 和 2500V 等几种。手摇发电式的绝缘电阻表只具备一种电压规格。电子式则一般同时具备几个电压规格，通过转换开关或按钮进行设定。应根据被测元件的额定电压来选择绝缘电阻表的规格。在 GB/T 1032—2012《三相异步电动机试验方法》等相关标准中的规定见表 1-7。

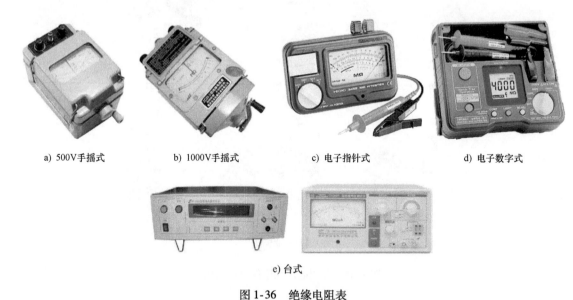

a) 500V手摇式   b) 1000V手摇式   c) 电子指针式   d) 电子数字式

e) 台式

图 1-36　绝缘电阻表

表 1-7　绝缘电阻表选用规定

电机额定电压/V	≤36	>36~1000	>1000~2500	>2500~5000	>5000~12000
绝缘电阻表规格/V	250	500	1000	2500	5000

2. 使用方法

为防止仪表的两条引线接触部位存在绝缘损伤造成对测量的影响，应使用单独的两条绝缘引线。在测量前，要进行开路和短路检查，具体做法是：将两条绝缘引线分开成开路状态，摇动发电机或按下电源开关，正常时，仪表指示应为无穷大（表盘上的符号为"∞"）；将两条绝缘引线点接短路，正常时，仪表指示应为 0 MΩ，如图 1-37 所示。

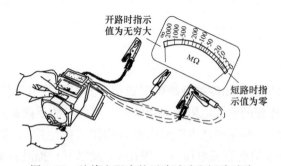

图 1-37　绝缘电阻表的开路试验和短路试验

绝缘电阻表常用的两个接线端子分别为 L 和 E。在测量时，其 L 端应与被测元件（例如电机绕组）相接，E 端应与地（例如电机外壳）相接。仪表还有一个标有"G"符号的接线端子，是在测量电缆等电器元件绝缘电阻时，为了防止外层因污秽等原因造成电流泄漏影响测量结果而使用的一个端子。

对手摇式绝缘电阻表，测量时的手摇转速为120r/min，摇动的转速应尽可能均匀。待指针稳定到一个位置后，再读数确定测量结果，一般情况应摇动1min左右。

测量之后，用导体对被测元件（例如绕组）与机壳之间放电后再拆下引接线。直接拆线有可能被储存的电荷电击。

1.6.5 温度测量仪器

为了监测绕组的运行温度，大容量和使用在特殊场合的电机，需要在电机绕组内或其他必要的部位埋置热传感元件。当温度达到预定的数值时，这些元件将直接切断电源控制电路或由和其连接的相关电路元件发出报警或断开电源电路的信号指令，以避免温度继续升高而造成过热损毁事故。这些元件有热敏开关、热敏电阻、热电阻和热电偶等。下面介绍其使用和检测方法。

1. 热电偶

用热电偶进行过热保护的工作原理，是利用热电偶所产生电动势的大小与温度成一定函数关系的特性。将热电偶放置在需要控制温度的发热元件上，热电偶引出线与电机电源控制系统相连接，控制系统根据热电偶所产生电动势的大小来决定对电源电路的保护。

根据需要，热电偶分多种类型，电机常用的有K型、T型和J型等。其外形根据放置位置的需要，有片状（放于绕组中）和防振型柱状（放于轴承室内）等多种，如图1-38所示。

K型热电偶是指"K分度镍铬-镍硅热电偶"。这种热电偶在0℃时产生的电动势也为0V，0~200℃之间，每相差1℃，电动势相差约0.04mV。T型（铜-康铜）和K型热电偶分度表（温度和热电动势的对应关系）详见附录4（0~200℃，冷端温度为0℃）。

常温下，K型热电偶的电阻应为零或接近于零。其他类型的热电偶可能有所不同，检查时应按使用说明书或相关资料来决定。应注意，测量热电偶的电阻值时，所加电压应不超过2.5V（或按其使用说明书中的规定），电压过高有可能对其产生损害。

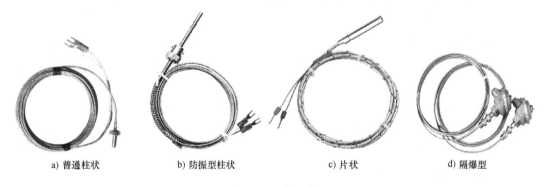

a) 普通柱状   b) 防振型柱状   c) 片状   d) 隔爆型

图1-38 热电偶

2. 热敏电阻

热敏电阻是由一些特殊材料制成的一种随着温度变化其电阻数值按一定规律发生变化的电器元件。根据需要，有多种特性的热敏电阻，常用的特性有4种，表1-8为代表符号、优缺点等内容。用于电机温度控制（到达标定温度后断开电机电源控制电路）的为第3种，为正温度系数特性［在标定温度之前，其电阻值维持在一个较低的数值之内（一般在200Ω以内），当所处位置的温度达到标定温度后，其阻值会很快上升，达到几千欧以上］，简称 SPTC（开关型），其外形如图 1-39 所示；用于做温度测量传感器的为第 1 种负温度系数型和第 4 种缓变正温度系数型，电机温度测量较常用第 4 种（代号 LPTC）。

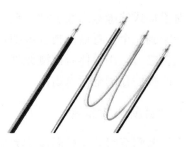

图 1-39　电机热保护用热敏电阻

表1-8　各类热敏电阻性能比较

序号	代号	特性类型	使用温度范围/℃	优点	缺点
1	NTC	负温度系数型	-252~900	负电阻温度系数大	工作温度区域宽
2	CTR	临界负温度型	55~62	临界温度点变化大	准确度差
3	SPTC	开关型	-55~200	负电阻温度系数大	工作温度区域窄
4	LPTC	缓交变正温度系数型	-20~120	线性变化	工作温度区域窄

3. 热电阻

热电阻是用一种金属材料制成的热传感元件，较常使用金属材料为铜（Cu）或铂（Pt）。用热电阻进行过热保护的工作原理，是利用金属导体电阻的阻值在一定的温度范围内与温度呈线性关系的特性。将热电阻放置在需要控制温度的发热元件上，其两端连接到一个控制电路中，它的阻值变化将影响该控制电路中的电流或者电流流过它以后所产生的电压降，控制系统利用这些信息来决定电路的保护，例如当达到设定值时，断开供电电路或报警。

现比较常用的热电阻是分度号为 Pt100 的铂热电阻，其中"Pt"是铂的元素符号，表示铂，"100"表示该电阻在 0℃ 时的阻值为 100Ω。

在一定的温度范围之内，铂热电阻的阻值与温度呈线性关系。粗略的关系是温度每变化 1℃，电阻值变化 0.4Ω。Pt100 铂热电阻的详细分度值（电阻与温度的关系）详见附录 5。

因为在 0℃ 时的阻值为 100Ω，所以其他温度 t（℃）时的电阻值 R_{Pt100}（Ω）计算式为

$$R_{Pt100} \approx (100 + 0.4t)\Omega \tag{1-5}$$

例如实际温度 $t = 20℃$ 时，热电阻的阻值 $R_{Pt100} \approx (100 + 0.4 \times 20)\Omega = 108\Omega$（实际分度表给出的数值为 107.9Ω）；实际温度为 $t = -10℃$ 时，$R_{Pt100} \approx [100 + 0.4 \times (-10)]\Omega = 96\Omega$。

实际应用时，经常是用万用表测量其电阻值 R_{Pt100}，用来得到热电阻所处位置的温度 t，此时将上述关系反过来就可得到如下的关系式：

$$t = (R_{Pt100} - 100\Omega)/(0.4\Omega/℃) = 2.5(R_{Pt100} - 100\Omega)℃/\Omega \tag{1-6}$$

例如实测电阻值 $R_{Pt100} = 110\Omega$，则热电阻的温度 $t = (110\Omega - 100\Omega)/(0.4\Omega/℃) = 25℃$；实测电阻值 $R_{Pt100} = 95\Omega$，热电阻的温度 $t = (95\Omega - 100\Omega)/(0.4\Omega/℃) = -12.5℃$ 或 $t = 2.5(95\Omega - 100\Omega)℃/\Omega = -12.5℃$。

用下述口诀可便于记忆：

Pt100 铂热阻，零度整整一百欧。

其他温度粗略记，一度相差点四欧。

电阻数值减一百，除以点四得温度。

监测热电阻是否正常时，可用万用表×1Ω档测量其电阻数值，然后用式（1-6）计算出温度值，再和实测的热电阻所处位置的温度相比较，若相差在1~2℃（具体允许偏差与所用的产品精度有关）以内，则可认定为正常。

有些国产铂热电阻的代号为WZP（W代表温度，Z代表电阻，P代表铂）。

有些国产铜热电阻的代号为WZC（W代表温度，Z代表电阻，C代表铜）。

和热电偶一样，控制电路的动作与否，是由使用人员事先在控制装置中设定的，也就是说与热电阻或热电偶的变化无关，它们只是起一个传递热变化信号的作用，所以也被称为"温度传感器"。

根据需要，热电阻的外形有片状和柱状多种，图1-40是两种柱状外形及铜、铂热电阻的结构。电机测温用热电阻一般引出3条线，其中2条为红色的引出线实际上是由热电阻的一个端点引出的，也就是说这两条线是相通的。另外还有些品种引出6条线，但分成两组，这是因为其内部实际上是两套相同分度的热电阻，这样，若使用中一套损坏，可以在外面接线处更换成另一套即可继续使用。

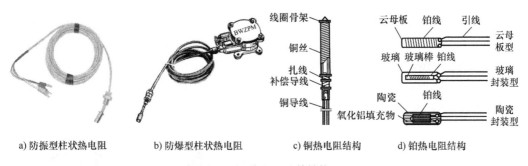

a) 防振型柱状热电阻　　　b) 防爆型柱状热电阻　　　c) 铜热电阻结构　　　d) 铂热电阻结构

图1-40　热电阻及其结构

4. 热敏开关

热敏开关用于对电机的过热保护，在其他电器上，也用于温度控制设备的起、停运行等（例如，为节省用电和尽可能地降低环境噪声，控制一套设备风冷系统的起动或停止）。它的工作原理是利用粘合在一起的两种不同材质的金属片（称为双金属片）在同样温度变化的情况下，两个金属片伸长或收缩的程度不相同而使双金属片弯曲，之后触动邻近的触点机构动作（常开触点闭合，常闭触点打开。电机热保护用的一般只有一对常闭触点）。可见，热敏开关与热继电器的工作原理完全相同。图1-41给出了常用的几种外形示例，其中图1-41a所示为安置在电机外壳等部位的，图1-41b所示为安置在电机绕组内的，图1-41c给出的是图1-41b的内部结构。

将热敏开关的常闭触点串联在电机的供电控制电路中，当放置点的温度超过热敏电阻的标定温度后，热敏电阻的常闭触点断开，即切断控制电路，进而断开电机电源供给电路开关（一般为接触器）。

常温下，常闭型热敏开关的电阻应为零或接近于零。

和常用的双金属片热继电器相比，最大的特点是可安装在电机的任何部位、电路简单、成本低、耗电少，并且动作较快；不足之处是，若安装在电机内部，出现故障时，更换比较困难。

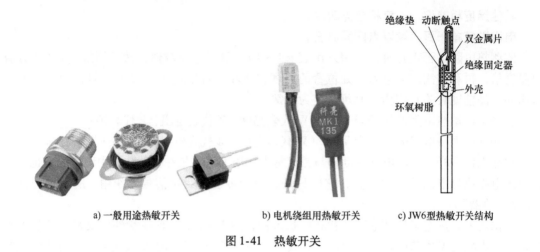

a) 一般用途热敏开关　　　　　b) 电机绕组用热敏开关　　　　c) JW6型热敏开关结构

图 1-41　热敏开关

1.7　尺寸测量量具

在绕组绕线前和绕线过程中，需要测量所用绕线模、铁心的外形尺寸以及所用导线的截面尺寸等；绕线完成后，需要检测线圈的长度、节距等尺寸；嵌线并端部整形绑扎后，也要对相关尺寸进行检测。在这些过程检测中，准确度要求不高的，可以使用直尺和卷尺（见图 1-42）；要求较高的，要使用专用高精度量具，其中常用的有游标卡尺和外径千分尺。下面简单介绍游标卡尺和外径千分尺的相关知识。

a) 钢直尺　　　　　　　　　　　　　　　　　　b) 钢卷尺

图 1-42　直尺和卷尺

1.7.1　游标卡尺

1. 分类

游标卡尺分传统的纯线纹式（简称卡尺）、带表线纹式（简称带表卡尺）和近代的电子数显式（简称数显卡尺）三大类。

从其结构来分，各类又可分为 I 型（三用游标卡尺）、II 型（两用游标卡尺）、III 型（双面游标卡尺）和IV型（单面游标卡尺）共四种类型。另外，根据特殊测量的需要，又有多种特殊结构的专用类型。

传统的纯线纹式（读格式）游标卡尺的主尺刻度值为 1mm。游标分度值则有 0.10mm、0.05mm 和 0.02mm 三种。图 1-43 所示为一把游标分度值为 0.02mm 的 I 型游标卡尺结构。

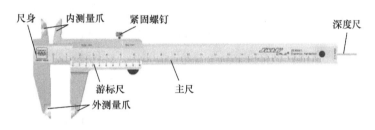

图 1-43 普通线纹式游标卡尺结构（Ⅰ型）

2. 测量读数原理和示例

（1）读数原理

下面以分度值为 0.05mm 的游标卡尺为例来说明分度方法和读数原理。

当使测量爪完全闭合时，游标尺的 0 刻线正对主尺的 0 刻线，如图 1-44a 所示。游标尺有 20 个分度，总长为 39mm。这样，游标尺每个分度的长度为 1.95mm，比主尺上 2 个分度（2mm）相差 0.05mm。当游标向右移动 0.05mm 时，则游标尺的第一条刻线就会与主尺 2mm 刻度线对齐，此时两个测量爪离开 0.05mm；游标向右移动 0.10mm 时，游标尺的第二条刻线就会与主尺 4mm 刻度线对齐，此时两个测量爪离开 0.01mm。以此类推。所以，可以得出结论：游标尺在 1mm 内向右移动的距离，可由游标尺中哪一条分度刻线与主尺某一个刻线对得最齐来决定，或者说，游标尺第几条分度刻线与主尺某一个刻线对得最齐，游标尺向右移动的距离就是几个 0.05mm。

由图 1-44b 看到，两测量爪张开的距离（对于实际测量来讲就是被测量的尺寸长度）毫米整数部分是游标尺最左（0）刻线左边主尺上显示的刻度线数值 14mm（图中标出的 x），毫米以下的小数部分（图中标出的 δx）是通过观测游标尺与主尺对得最齐的第 n 条刻度线和游标的分度值（用符号 f，单位为 mm）来确定，即

$$\delta x = nf \tag{1-7}$$

图中显示，$n = 9$，本例游标分度 $f = 0.05mm$，则 $\delta x = nf = 9 \times 0.05mm = 0.45mm$。实际使用时并没必要如此计算，而是直接读出游标尺上对应的数值，本例游标尺的每一个格数值为 5（即 0.05mm），对齐的游标尺读数为 45，则被测尺寸的小数部分为 0.45mm。

这样，两测量爪张开的距离（被测量的尺寸长度，用符号 L，单位为 mm）即为主尺显示的整数 x 与游标尺对齐数值所表示小数 δx 之和，即

$$L = x + \delta x = x + nf \tag{1-8}$$

对于图 1-44，$L = x + \delta x = x + nf = 14mm + 0.45mm = 14.45mm$。

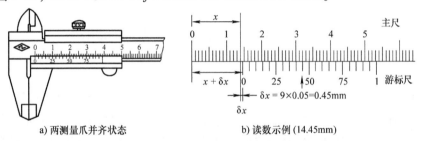

a) 两测量爪并齐状态　　　　　　　　b) 读数示例 (14.45mm)

图 1-44 线纹式游标卡尺读数原理

若没有完全对齐的一组刻线，则在游标两个相对最接近对齐的可读数值中，选择前一个作为可读数的数值，再增加一位小数为两者之间的数值为估算值。

读数口诀：整数看主尺，游标零前值；游标读小数，上下对齐处；没有整对齐，小数增估数。

（2）读数示例

在测量调整准确后，应尽可能地在卡尺处于测量的状态下读出测量值，然后再拉动（测量外尺寸时）或推动（测量内尺寸时）游框，使测爪离开被测面，并小心地将卡尺退出。若强行退出，则会损伤测爪或工件的被测面。对于较大的工件或按上述方法较难读出测量值时，应用紧固螺钉将游框固定后，再轻轻地退出卡尺，读出测量值。图1-45给出了6个示例。

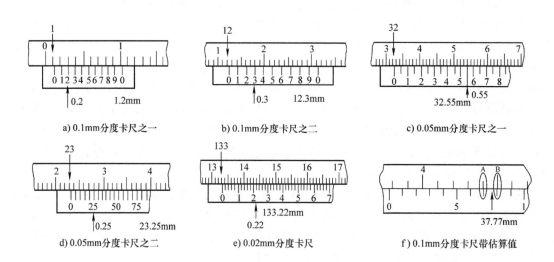

a) 0.1mm分度卡尺之一   b) 0.1mm分度卡尺之二   c) 0.05mm分度卡尺之一

d) 0.05mm分度卡尺之二   e) 0.02mm分度卡尺   f) 0.1mm分度卡尺带估算值

图1-45　线纹式游标卡尺测量读数示例

3. 使用方法和注意事项的通用内容

尽管游标卡尺的种类繁多，但其测量原理是完全相同的，使用方法及其注意事项也大体相同。下面首先介绍这些通用部分的内容。

（1）使用前的检查

在使用卡尺之前，必须仔细地检查其外观和相关部件是否符合要求，检查项目及应达到的要求如下：

1）卡尺的刻度线和数字应清晰。

2）不应有锈蚀、磕碰、断裂、划伤或其他影响使用性能的缺陷。

3）用手轻轻拉或推尺框，尺框在尺身上移动应平稳，不应有阻滞或松动现象，紧固螺钉的作用应可靠。

4）用手摸测量面，检查是否有毛刺，并凭手感检查测量面的粗糙度是否符合要求。

5）经上述检查并均符合要求后，用干净的布或纸擦净测量爪的测量面，然后推动尺框，使两测量面接触，观察两测量面之间的间隙是否符合要求。如有间隙，则要判断出间隙的大小数值，不同分度值的卡尺其允许的两测量面之间的间隙见表1-9。

判断两测量面之间间隙的方法如下：

用干净的布条或棉团（有必要时蘸少许酒精）擦净两外测量爪的测量面，然后将外测量爪两测量面合并后，对着光线（自然光或灯光）观察，如果两测量面间漏出一道光线，则说明两测量面之间的间隙已经大于0.01mm；若漏光呈"八"字形，则说明两测量面不平行，如图1-46所示。

间隙值超过规定的要求，或两测量面不平行的卡尺不得使用，应送交专业人员修理。

表1-9 游标卡尺两测量面之间间隙的允许值

游标分度值/mm	0.02	0.05	0.10
两测量面合并间隙允许值/mm	0.006	0.01	

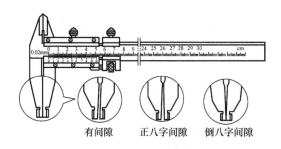

有间隙　　　正八字间隙　　倒八字间隙

图1-46 两测量面之间间隙的三种类型

（2）校对"0"位

正式测量前，必须校对卡尺的"0"位是否准确。具体方法如下：

1）用干净的布条或棉团（有必要时蘸少许酒精）擦净两外测量爪的测量面（若先进行了两测量面之间间隙的检查，本项可不再进行）。

2）推动游框，使外测量爪两测量面紧密接触后，观看游标尺的"0"刻线与主尺的"0"刻线是否对齐，游标尺的尾刻线（最末一根刻线）与主尺的相应刻线是否也对齐。若上述两处都对齐，说明"0"位准确，如图1-47所示。否则说明"0"位不准确。"0"位不准确的卡尺不能使用。

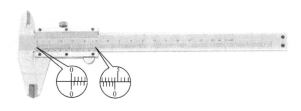

图1-47 游标卡尺校对"0"位

（3）使用方法

1）无论测量外尺寸还是测量内尺寸，只要测量条件允许，都不要像图1-48a左图和图1-48b左图所示的那样，只使用量爪的部分测量面进行测量，因为这样操作不仅会加速量爪的磨损，而且还会产生较大的测量误差。

2）测量外尺寸（特别是外径尺寸）时，应先将两个外测量爪之间的距离调整得大于被测尺寸，待推入被测部位后再轻推游框，使两个外测量爪接触到测量面。在两个测量爪接触到测量面后，推动游框的拇指加少许的推力，同时要轻轻摆动卡尺找到最小尺寸点，然后再读数，如图1-48c和图1-49a所示。

3）测量内尺寸（特别是内径尺寸）时，应先将两个内测量爪之间的距离调整得小于被测尺寸，待推入被测部位后再轻拉游框，使两个内测量爪接触到测量面。在两个内测量爪接触到测量面后，拉动游框的拇指加少许的拉力，同时要轻轻摆动卡尺找到最大尺寸点，然后再读数，如图1-48b和图1-49b所示。

4）使用大型卡尺（测量范围≥500mm的卡尺）进行测量时，为了防止卡尺因自身重力造成的变形给测量值带来误差，应用双手操作，有必要时还应在卡尺的适当部位进行支撑。

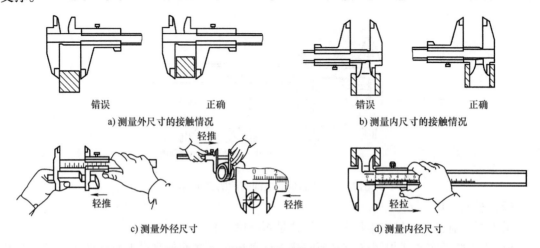

图1-48　正确使用和错误使用卡尺的示例

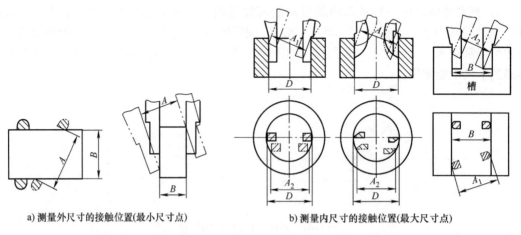

图1-49　正确（图中实线）和错误（图中虚线）的测量接触位置

4. Ⅱ型～Ⅳ型游标卡尺简介

（1）Ⅱ型游标卡尺

Ⅱ型线纹式游标卡尺的外形结构如图1-50所示。可以看出，与Ⅰ型游标卡尺相比，它少了一个深度尺，所以只能用于测量各种外尺寸和内尺寸，因此被称为两用卡尺；另一个不同点是，有的类型多一个微动装置，可用于控制测量力。

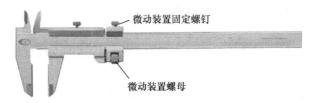

图 1-50 Ⅱ型线纹式游标卡尺

Ⅰ型游标卡尺使用方法和注意事项均适用于Ⅱ型游标卡尺。另外，对于具有微调装置的，在测量操作中应注意：当两个测量面快与被测面接触时，应停止手推（或拉）游框的动作，将微动装置的紧固螺钉拧紧，然后通过旋动微动装置的螺母来对游框的位置进行微调，使卡尺的两个测量面接触被测面，待接触稳定后再读数。

（2）Ⅲ型游标卡尺

Ⅲ型线纹式游标卡尺的外形结构如图 1-51 所示。可以看出，和Ⅱ型游标卡尺不同之处在于：处于上方较小的量爪为专用外测量爪，而不是内测量爪；处于下方较大的量爪称为内外测量爪，它具有两个测量面，一个是内测面，一个是外测面，并且两测量面之间具有一定的距离（图 1-51 中的 b，一般 $b = 10\text{mm}$，大型尺 $b = 20\text{mm}$。测量内尺寸时，被测的内尺寸要大于 b）。由此可以看出，该类型的卡尺能用于测量各种外尺寸和内尺寸，所以也可被称为两用卡尺。但由于它的一对测量爪同时具有内、外两个测量面，所以又习惯称其为双面游标卡尺。

图 1-51 Ⅲ型线纹式游标卡尺

Ⅲ型游标卡尺的使用方法和注意事项与Ⅱ型游标卡尺基本相同。

测量内尺寸时，测量值应为卡尺显示的测量数据加上 b。

（3）Ⅳ型游标卡尺

Ⅳ型线纹式游标卡尺的外形结构如图 1-52 所示。和Ⅲ型游标卡尺相比，没有处于上方较小的专用外测量爪，只有处于下方较大的内、外测量爪。所以该类型的卡尺只能用于测量各种外尺寸和大于量爪宽度 b 的内尺寸，被称为单面游标卡尺。

图 1-52 Ⅳ型线纹式游标卡尺

该类卡尺一般用于测量较大工件。测量长度的范围常用的有 0~500mm 和 0~1000mm 两种，较长的还有 0~1500mm 和 0~2000mm 等多种。

测量长度的范围为 0~500mm 的 b 值有 10mm 和 20mm 两种，0~1000mm 及以上的 b 值则只有 20mm 一种。

由于较长、较重，所以容易变形。因此，除按前面讲述的卡尺使用注意事项外，还应格外注意以下事项：

1）严禁将卡尺斜靠着放置或在卡尺上放置任何物品。

2）卡尺放在专用的盒内时，其游标框应放置在盒内规定的位置，只有如此才会使卡尺的变形最小。

3）在搬运卡尺时，应将其放置在专用的卡尺盒内，不应用手提或肩扛。

5. 线纹式带表游标卡尺

线纹式带表游标卡尺是通过齿轮和齿条机械传动系统将两测量爪的相对移动转变为指示表指针的回转移动，并利用主尺的刻度和指示表，对两测量爪测量面相对移动分隔的距离进行读数的通用长度测量工具。图 1-53 给出了 I 型和 III 型带表游标卡尺的外形结构。

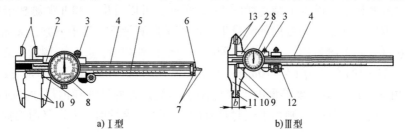

a) I 型   b) III 型

图 1-53   线纹式带表游标卡尺的外形结构

1—刀口内量爪 2—游框（尺框） 3—固定螺钉 4—尺身 5—主标尺 6—测深直尺
7—深直尺测量面 8—指示表 9—毫米读数部位 10—外量爪 11—圆弧内量爪
12—微动装置 13—刀口外量爪

指示表的指针旋转一周所指示的长度，对分度值为 0.01mm 的卡尺为 1mm；对分度值为 0.02mm 的卡尺有 1mm 和 2mm 两种；对分度值为 0.05mm 的卡尺为 5mm。

（1）校对"0"位的方法

推动尺框，使两测量爪的测量面密切接触。此时，若尺框的基准端面（读数部位）与尺身的"0"刻线右边缘相切，指示表指针与表盘的"0"刻线重合，即所谓的"双对0"，则说明该卡尺的"0"位正确。

该类卡尺允许 0.05mm 的压线和 0.15mm 的离线。

所谓"压线"和"离线"，是指指示表指针正好指在表盘的"0"位时，尺框的基准端面（读数部位）压住和离开尺身的"0"刻线的情况，如图 1-54 所示。

检查"压线"和"离线"数值的方法是：推动尺框，使指示表指针正好指在表盘的"0"位，若此时卡尺处于"压线"状态，则轻轻拉动尺框，使尺框的基准端面（读数部位）与尺身的"0"刻线右边缘刚好相切，此时指示表指针所指示的数值即为"压线"值；若卡尺处于"离线"状态，则轻轻推动尺框，使尺框的基准端面（读数部位）与尺身的"0"刻线右边缘刚好相切，此时指示表指针所指示的数值即为"离线"值。

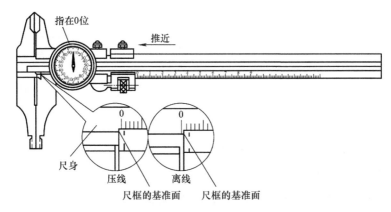

图1-54 带表游标卡尺的"压线"和"离线"状态

若卡尺既不"压线",又不"离线",但指示表指针不是正好指在表盘的"0"位时,则应旋转表盘,使其"0"位对正指针,实现卡尺的"双对0"。校对好"0"位后,再反复移动尺框检查"0"位和指示表的示值变动情况。若示值变动量不大于1/2分度值,则符合要求。

确定指针与表盘的0刻线对齐后,用表盘紧固螺钉将表盘位置固定。

(2)读数方法

带表游标卡尺的读数方法和普通游标卡尺类似,只是其小数部分是由指示表的指示值读取。图1-55所示的状态即为20.86mm,其中整数20mm是主尺上露出游框的刻度值,小数0.86mm是指示表的指示值(该卡尺指示表的分度值为0.02mm,示值范围为1mm,所以指针指在86格处表示0.86mm)。

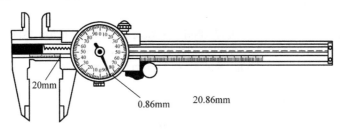

图1-55 线纹式带表游标卡尺的读数示例

(3)注意事项

使用和保存带表游标卡尺的注意事项与普通游标卡尺基本相同。另外应注意的是:在每次使用前都要校对"0"位;要特别注意保护其指示表。

6. 电子数显游标卡尺

(1)工作原理和结构

电子数显游标卡尺简称为数显卡尺。它是通过机械－电子装置,将两测量爪相对移动分隔的距离直接显示在电子显示器上的一种通用长度测量工具。

数显卡尺由机械尺体、电子部件和定尺三部分组成。图1-56为3种电子数显游标卡尺的示例。

a) Ⅰ型　　　　　　　　　　b) Ⅲ型　　　　　　　　　c) Ⅳ型

图 1-56　电子数显游标卡尺

数显卡尺有齿条码盘式、光栅式和容栅式 3 种类型。由于容栅式具有制造方便、体积小等优点，所以是目前用得最多的一种。

容栅式数显卡尺的电子部件采用集成电路和液晶显示器，它们一同装在一块双面印制电路板上，这块电路板又兼作传感器的动栅尺，而定栅尺安装在尺身上。动栅尺极板与定栅尺极板之间保持一定的间隙。当加上电信号时，定栅尺极板就得到一个感应信号，该信号又被动栅尺极板感应接收。因此，当移动尺框时，动栅尺就会接收到一个与尺框位移成正比的相位变化信号，相关电路对这个信号进行处理后送入液晶显示器并显示出被测量的数值（最小显示值一般为 0.01mm，高精度的可为 0.001mm。可见测量精度远高于线纹式卡尺，现已大量应用）。

（2）功能键的识别和应用

数显卡尺和后面将要介绍的数显量具上的功能键，经常用英文单词或其缩写形式表示，表 1-10 给出了部分内容。

表 1-10　数显量具上的功能键英文与中文对照表及其功能简介

英文	中文	功能简介
ON/OFF on/off	电源开关键	在电源关断时，按动此键可打开电源；在电源开启时，按动此键可关断电源（有些量具使用光电池，可能不设置此键，此时按动任何一个键电源都会随之打开，在测量完毕一段时间后，电源自动关闭）
in/mm	英制、公制转换键	英制单位为英寸（in），公制单位为毫米（mm）。每按动一次转换一次
HGLD	数据保持键	在测量显示一个数值后，按动此键，当时的数值将被保持
R/A	相对测量与绝对测量转换键	按此键后，若显示 REL，即为相对测量状态，在此状态下，可设置上下限数值；若显示 ABS，即为绝对测量状态，量具在初始位置时应为 0 或者最小数值（例如 25～50mm 的外径千分尺为 25mm）
TOL	公差设置键	按此键后，可使用"＋"或"－"键来设置公差数值
＋	正置数键	按动此键，所设数值增加
－	负置数键	按动此键，所设数值减小
RESET 或 STE	起始值复位键	按动此键时，显示器中的数据将显示为 0（不论之前是何数字）
ZERO	置 0 键	同上述起始值复位键，有此键则无上述 RESET 或 STE 键
MODE	功能键	按动此键后，显示相关功能，然后根据需要进行选择设置

（3）使用方法

电子数显游标卡尺的使用方法和注意事项与同类普通游标卡尺大体相同，不同点只在于校对"0"位和读数。当然，由于不同用途的数显卡尺还具有另外一些独特的功能，所以必然还具有一些独特的使用方法和注意事项。

1）校对"0"位的操作方法：按动电源开关按钮 ON/OFF （或 on/off ）接通电子部件电源。推动尺框，使两个量爪的测量面至手感接触为止。此时，若显示器显示出"0.00"，则说明"0"位正确（图1-57a）。之后，重复上述操作几次，若"0"位未发生变化即可。若显示值不为"0.00"，则按动置0按钮 ZERO （或 STE 或 RESET 或 0，下同）使显示值为"0.00"，如图1-57b所示。

2）只显示测量值偏差的操作方法：用数显卡尺可显示测量元件的实际长度数值，也可只显示测量值偏差数值。例如某批部件的长度标称尺寸为50mm，允许公差为 +0.12mm 和 -0.15mm。则可将卡尺按上述方法先校好"0"位，再移动尺框，使显示值刚好为50.00mm，之后按动置0按钮 ZERO，使显示值为"0.00"。这样，在测量该批部件时，则会直接显示超出或低于50mm的数值，例如 +0.10 和 -0.12。

a) 显示0.00   b) 人工置0

图1-57 数显卡尺校对"0"位的操作方法

3）设置公差范围和自动显示测量值是否超过公差范围：用多功能数显卡尺时，可使用公差设置键 TOL，事先对卡尺进行公差数值设置，并在测量时显示测量数值是否超过了规定的公差值。

4）公、英制转换：很多数显卡尺都具有公、英制单位转换功能。可通过一个按钮 in/mm （其中"in"代表英制的英寸；"mm"代表公制毫米。1in≈25.4mm）在使用前或测量中均可方便地进行转换。

5）测量数据的保存和打印：在测量显示数据后，按数据保持键 HOLD，测量数据则可保持不变并可储存在其芯片内，再次按下 HOLD 后，方可测量和显示其他的尺寸，并可以再次保存（储存的数据个数因其所用卡尺的规格型号的不同有所不同）；也可将测量或储存的数值传送到其他装置或输入到打印机中打印出来。

（4）使用和保管的注意事项

1）要注意使用环境的湿度和温度。温度低于0℃时，液晶的响应时间及余辉将延长，影响测量；温度超过40℃时，电池的寿命将大大地缩短；环境的相对湿度不应超过80%。

2）严禁强光直接照射显示屏，否则显示屏中的液晶将会迅速老化。

3）不要在具有较强磁场的地方使用和存放。

4）严禁水和油等液体浸入电子部件中。

5）当显示的数字不断闪动或不稳定时，说明电池接触不良或能量将要耗尽（有的卡尺显示电池电压不足的信号或图形），应及时更换电池。当卡尺长期不用时，应将电池取出。

6）由于数显卡尺的灵敏度较高，所以当测量力有微小的变化时，显示的数据就会出现来回跳动的现象，使读数比较困难。所以要掌握好测量力，并尽可能地使其稳定，读数要在显示的数据稳定以后进行。

7）使用时，游框不应移动太快，一般不应超过 1.5m/s，否则会影响测量结果的准确性。这是因为数显卡尺的响应速度是 1.5m/s。

随着技术的进步，这一速度会有所增加，届时各项要求也会降低。

1.7.2　外径千分尺

1. 用途、种类和结构

顾名思义，外径千分尺的主要用途是测量工件的外径，当然也可测量一些外尺寸。

从读数方式来分，常用的外径千分尺有普通式、带表式和电子数显式三种类型，如图1-58所示。

实际上，绝大部分传统的外径千分尺的分度值是 0.01mm，即 1/100mm，由此应将其称为外径"百分尺"，"千分尺"是一种习惯称呼，但目前部分电子数显式外径千分尺已做到"名副其实"（见图1-58b给出的一种）。

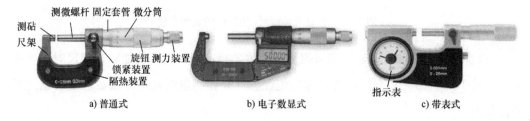

图 1-58　常用小型外径千分尺

2. 测量范围、分度值、等级和示值误差

外径千分尺的测量范围最小的为 0～25mm，在 500mm 以下，每相邻两档的差值为25mm，例如 25～50mm、50～75mm、…、475～500mm 等；从 500～1000mm（称为大型外径千分尺）每相邻两档的差值为100mm，即 500～600mm、…、900～1000mm 等。

外径千分尺的精度等级有 0、1、2 共 3 级。其示值误差，0 级的最小，2 级的最大。

测量上限大于 25mm 的外径千分尺应附有校对量杆。

3. 使用方法和注意事项

（1）使用前的检查

1）用棉丝将千分尺的各部位表面擦拭干净。然后仔细地检查各部位是否有划伤、锈蚀和影响使用性能的缺陷。

2）用绸子或白色柔软而干净的棉丝擦净测砧的测量面和测微螺杆的测量面。然后旋转棘轮（测力装置），看它能否轻快灵活地带动微分筒旋转，测微螺杆移动是否平稳，有无卡住现象，在全量程范围内，微分筒与固定套筒之间有无摩擦；当用锁紧装置把测微螺杆紧固住后，棘轮能带动微分筒灵活地旋转、无卡住现象、微分筒与固定套筒之间无摩擦、棘轮能发出"咔、咔"声，满足上述要求时，说明被检查的千分尺各部位的相互作用符合要求。

（2）校对"0"位的方法

1）直接校对"0"位。对于测量范围为0～25mm的外径千分尺，可直接校对"0"位，校对方法是：将两个测量面擦拭干净后，旋转微分筒，当两个测量面即将接触时，开始用轻轻旋转棘轮的方法使两个测量面相接触，待棘轮发出"咔、咔"声后，即可进行读数。

此时，若微分筒上的"0"刻线与固定套筒的基线重合，微分筒端面也恰好与固定套筒的"0"刻线的右边缘恰好相切（如果不是恰好相切，允许"离线"不大于0.1mm，"压线"不大于0.05mm），则认为0位准确，如图1-59a所示。

所谓"离线"是指微分筒端面离开固定套筒的"0"线；"压线"是指微分筒端面压住（或称为"盖住"）固定套筒的"0"线。

2）用校对量杆或量块间接校对"0"位。对于测量范围大于25mm的外径千分尺，应用校对量杆或量块校对"0"位，校对方法如下：将校对量杆或量块当作被测工件，用要校对"0"位的外径千分尺来测量它们。若测量所得数值与校对量杆或量块的实际标定长度尺寸数值相同，则说明该千分尺的"0"位准确，如图1-59b所示。同样也允许有不大于0.1mm的"离线"和不大于0.05mm的"压线"。

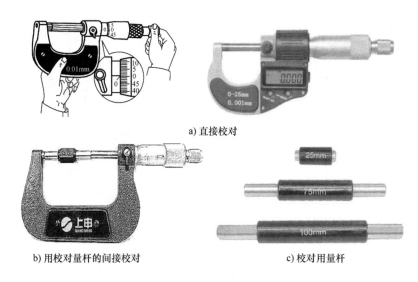

a) 直接校对

b) 用校对量杆的间接校对　　　　　　　　c) 校对用量杆

图1-59　校对千分尺"0"位

（3）测量方法和注意事项

1）手握千分尺的方法：为防止握千分尺的手温影响测量准确度，要求握在千分尺的护扳（隔热板）处。若直接用手握千分尺的金属尺架来测量，当该尺的检定温度为20℃，受检尺寸为 100mm，手与尺的接触时间为 10min 时，则会引起千分尺的尺寸变化量达到 6μm。

2）操作方法和注意事项：图 1-60 所示为几种情况下操作外径千分尺的方法。

旋动微分筒，使两测量面之间的距离（外尺寸）调整到略大于被测尺寸后，将千分尺的两个测量面送入到要测量的位置。旋动微分筒，使两测量面将要接触被测量点后，开始旋动棘轮（测力装置），使两测量面密切接触被测量点（此时棘轮将发出"咔、咔"声）并读取测量值。旋动微分筒和棘轮时，速度不要过快，以防测量面与被测量面发生较强的碰撞而损坏测微螺杆。测量读数完毕退尺时，应旋转微分筒，而不要使用旋转棘轮的方法，以防拧松测力装置，影响"0"位。

对于较小并可拿起的工件，也可用一只手拿住工件，用另一只手的无名指和小指夹住尺架压在掌心中，食指和拇指旋转微分筒（不用棘轮）进行测量。由于不是用测力装置，测量力的大小全凭手指的感觉来控制，所以要求使用人员要有一定的经验。

对于较小并可拿起的工件，当要测量的工件数目较多时，可将千分尺固定在专用的尺架上（固定时既要牢固又要防止因夹力过大而损伤千分尺的尺身），一手拿工件，一手操作千分尺，可提高工作效率，并且可避免因手的温度影响测量数据的准确性。

使用大型千分尺时，一般要由两人相互配合操作，一人稳定尺身，一人操作微分筒和棘轮并读数。

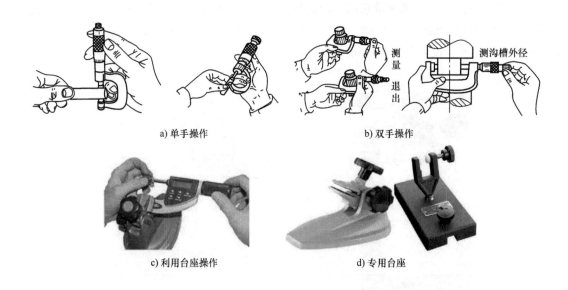

a) 单手操作　　　　　　　　　　　　b) 双手操作

c) 利用台座操作　　　　　　　　　　d) 专用台座

图 1-60　普通千分尺的操作方法

3）正确选择测量面的接触位置。千分尺两个测量面与被测量面（或点、线）的接触位置是否得当，将对测量结果产生直接的影响，所以在操作时要特别注意，具体应注意以下几点：

① 当千分尺的测量面将要接触到被测量面时，要一边旋动测力装置，一边轻微晃动尺架，靠测量人员的手感来选择准确的接触位置，使千分尺两个测量面与被测量面接触良好、准确。

② 测量时，要使测微螺杆轴线与被测工件的被测尺寸方向一致，不得歪斜。否则将得

出错误的结果。

③ 测量工件的外径尺寸时，为了选到准确的测量接触位置，要在测量面相接触的同时，小幅度地左右晃动尺架，找出垂直于轴线的测量面；小幅度地前后晃动尺架，找出最大的尺寸部位，如图 1-61 所示。

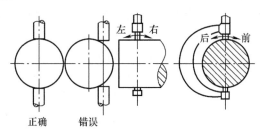

图 1-61　测量外径时测量面的接触位置

④ 当测量两个平行的平面之间的距离时，要使千分尺的整个测量面与被测量面相接触，不要只用测量面的边缘进行测量，如图 1-62a 所示。

⑤ 当被测量工件两端形状不同时，应考虑接触的方向问题。例如图 1-62b 所示的工件，则应将工件的平面一端与千分尺的固定测砧端接触。

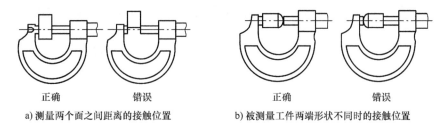

a) 测量两个面之间距离的接触位置　　　b) 被测量工件两端形状不同时的接触位置

图 1-62　测量两个面之间距离时测量面的接触位置

4. 千分尺的读数方法

（1）数显式千分尺

对于数显式千分尺，可从其显示器上直接读取测量值，并可根据需要只显示公差数值或外接打印机打印测量数据。

（2）带表式千分尺

对于带表式千分尺，一般用表显示测量公差数值，其读数方法根据使用的要求而定。

（3）普通千分尺

对于普通千分尺，测量结果是固定套筒上显示的以 0.5mm 为单位的大数与微分筒显示的 0.5mm 以下小数之和。这和卡尺的读数方法是类似的。

下面先了解千分尺的读数机构和有关问题：从千分尺上可以看出，其固定套筒上有一条纵刻线（称为小数指示线），其上下各有一排均匀的间距为 1mm 的刻线，上下两排刻线相互错开 0.5mm，即使上下相邻的两条刻线之间的纵向距离为 0.5mm。读数时，上排为整数 mm 值，下排为 0.5mm 或 0.5mm 左右的小数值。测微螺杆的螺距为 0.5mm，也就是说，微分筒旋转 1 周（360°）将在固定套筒上沿轴向移动（前进或后退）0.5mm。微分筒 1 周的刻度为 50 个，所以微分筒每转过 1 个格，将在固定套筒上沿轴向移动 0.5mm/50 = 0.01mm，这也就是千分尺分度值为0.01mm的由来。微分筒的棱边被称为整数指示线，如图1-63a所示。

读数可分如下3步进行：

1）先读整数。微分筒的棱边（整数指示线）所指示的固定套筒上的上排刻度整数值，即为测量值以1mm作为单位的整数部分，例如图1-63b、c、d所示的3种状态均为10mm。

2）再读小数。测量值的小数部分分以下几种情况：

① 当整数指示线刚好压在固定套筒上排刻线的某一条线上，并且微分筒的0刻线恰好正对着小数指示线时，测量值的小数值即为0.0mm，如图1-63a所示；

② 当整数指示线刚好压在固定套筒下排刻线的某一条线上，并且微分筒的0刻线恰好正对着小数指示线时，测量值的小数值即为0.5mm，如图1-63b所示；

③ 当整数指示线在固定套筒上排的某一条刻线之后与下排相邻刻线之前时，测量值的小数值即为微分筒正对着小数指示线的刻线所指示的数值，此时测量值的小数值大于0.0mm，但小于0.5mm，如图1-63c所示；

④ 当整数指示线在固定套筒上排的某一条刻线之前与下排相邻刻线之后时，测量值的小数值即为微分筒正对着小数指示线的刻线所指示的数值再加上0.5mm，即此时测量值的小数值大于0.5mm，但小于1.0mm，如图1-63d所示；

⑤ 若微分筒与小数指示线对应点在其两个刻线之间，则小数的最后一位数应进行估算，如图1-63e所示。

3）求取测量值。将上述整数值和小数值相加，对于最小量程不是0的千分尺，再加上其最小量程（例如25mm、50mm等），即得被测量值。请参见图1-63所示的各种状态。

值得注意的一点是：最容易犯的读数错误是忽略固定套筒上0.5mm的读数，使读出的结果小于实际值0.5mm，例如实际值为45.58mm，读成45.08mm。

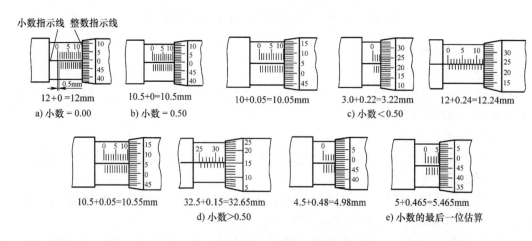

图1-63 普通千分尺的读数示例

5. 保管和保养注意事项

1）使用完毕，应小心轻放，不能磕碰。

2）不允许用砂纸和金刚砂擦磨测量杆上的污锈。

3）不允许在微分筒和固定套筒之间加酒精、煤油、柴油、凡士林及普通机油，更不允许把千分尺浸泡在上述油类或冷却液中。如发现被上述液体浸入，应尽快用汽油洗净，之后加上特种轻质润滑油。

4）要时刻保持千分尺的清洁，不可将其放在赃处或随意装在口袋里。

5）不使用时，应用清洁的软布、棉纱等擦干净，再放回到包装盒中。较长时间不用时，应先用航空汽油将千分尺洗净并擦干，然后涂上专用的防锈油。应注意不要使两个测量面贴合在一起，要稍微分开，以避免锈蚀。

6）大型外径千分尺要平放在特制的包装盒内，以免变形。

1.8　吊运电机定、转子的专用工装器具

在嵌线、接线、整形绑扎等生产过程中，要用到一些工具对定子和转子铁心（含已嵌好线的带绕组铁心）进行搬运。为了避免在搬运过程中损伤这些部件，特别是绕组，较小较轻的短距离搬运可用人工完成，较大的则需要专用器具，这些器具基本上是由使用单位根据自己的需要自制的。图 1-64 给出了一种用于较小电机的叉式吊运定子的专用器具结构，其 3 个叉子外套橡皮管，后面的两段钢管作为人工控制方向的把手，可一次装 3 个定子铁心；

图 1-64　叉式吊运定子的专用器具

图 1-65 给出了三种内撑式吊运定子的专用器具结构和现场使用图；图 1-66 给出了一种用于

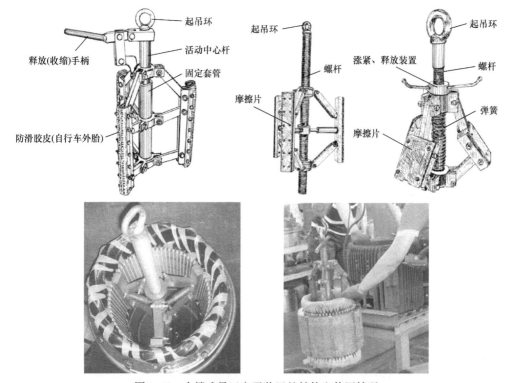

图 1-65　内撑式吊运定子装置的结构和使用情况

较大电机的外箍式定转子吊运专用器具的结构和现场使用图，其用具有一定弹性的钢板做成开口的圆环，内层附有橡胶，通过锁扣抱紧定转子外圆，这种器具还可以通过两个滑轮式吊轮做到使被吊运的定转子360°翻转。

图 1-66　外箍式吊运定转子装置的结构和使用情况

第2章

三相定子绕组的绕制工艺及所用器具

本章将要介绍的仅限于散嵌软绕组线圈，也就是说使用的导线是线径比较细的圆漆包线。成型线圈（或称为硬线圈）的绕制设备和工艺比较复杂，需要的读者请查阅相关资料。

2.1 绕线模的制作方法

2.1.1 常用绕线模的类型

绕线模是绕制线圈的必备工具，其尺寸应严格符合预定值。根据工作的需要，可简可繁，可多可少。

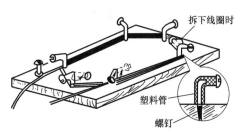

图 2-1 最简单的绕线模

1. 最简单的绕线模

如图 2-1 所示，将 6 个普通螺钉分别钉在预绕线圈的 6 个折点上。绕制时，6 个螺钉的头都朝外（背向线圈）；绕够匝数后，先用小绳将线圈绑扎几道，再将相邻的 3 个螺钉转动一定角度，起出线圈。这种绕线模只适合个体电机修理单位绕制一两台电机绕组时使用。

2. 可调式绕线模

图 2-2 为 3 种可调式绕线模，比较适合用于小批量绕组的绕制工作，其中图 2-2a 只能调整线圈的长度尺寸，当然其端部尺寸可采用更换两端模板的方法来调节；图 2-2b 和图 2-2c 的所有尺寸都可调，由此也称其为万能式绕线模。这些器具现已有专业厂生产，但还有很多是自己根据所承担的业务情况自制的。图 2-2d 是图 2-2a 的部件，由专业厂家生产，可根据需要定制。

3. 永久性固定尺寸单个绕线模

图 2-3a 为永久性固定尺寸单只绕线模分解图；图 2-3b 为同心式绕组绕线模组；图 2-3c 为交叉链式绕组绕线模组；图 2-3d 为链式和叠式绕组绕线模组。它们一般采用木料或塑料制作，尺寸固定，使用期限较长。图 2-4 是安装在绕线机上的链式绕组绕线模组。

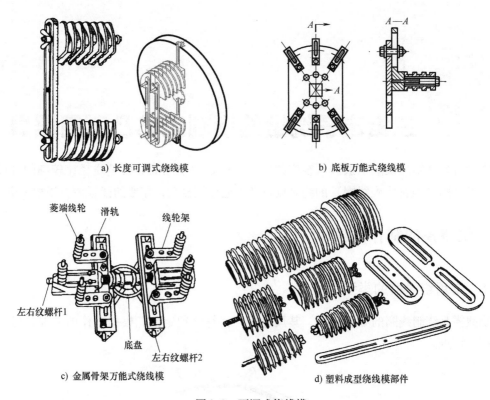

a) 长度可调式绕线模   b) 底板万能式绕线模

c) 金属骨架万能式绕线模   d) 塑料成型绕线模部件

图 2-2 可调式绕线模

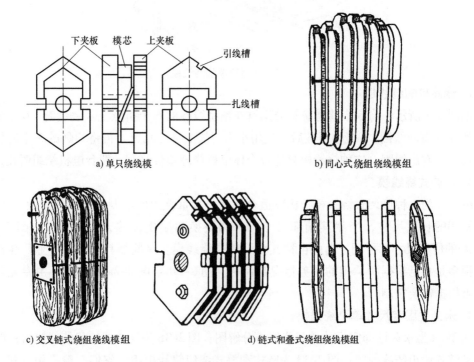

a) 单只绕线模   b) 同心式绕组绕线模组

c) 交叉链式绕组绕线模组   d) 链式和叠式绕组绕线模组

图 2-3 固定尺寸绕线模示例

图 2-4　安装在绕线机上的链式绕组绕线模组

2.1.2　确定绕线模尺寸的方法

图 2-5a～d 为 4 种不同绕组形式的绕线模形状及尺寸符号标注图。其各部位的尺寸设计方法见表 2-1。模芯尺寸与夹板尺寸如图 2-5e、f 所示。

模芯厚度 δ 计算公式为

$$\delta = 1.1 n d_i \tag{2-1}$$

式中　n——每层导线匝数，可根据一个线圈的总匝数按宽∶厚 = 1∶1 的比例估算；

　　　d_i——单匝绝缘导线外径（mm）；

　　　δ——模芯厚度，功率较小的电动机在 8～10mm 中选用，功率较大的电动机在 10～15mm 中选用。

夹板的尺寸应按每边比模芯长度大出 $e + (5～10)$ mm 来确定，其中线圈厚度 e 用下式计算：

$$e = \frac{N \pi d_i}{4.4 n} \tag{2-2}$$

式中　N——线圈匝数；

　　　n——每层导线匝数；

　　　d_i——每匝导线外径（mm）。

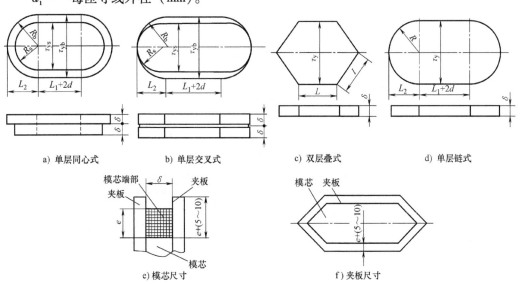

　　a) 单层同心式　　　　b) 单层交叉式　　　　c) 双层叠式　　　　d) 单层链式

　　e) 模芯尺寸　　　　　　　　　　　f) 夹板尺寸

图 2-5　常用类型绕线模形状及尺寸

表 2-1 绕线模尺寸设计表（尺寸单位：mm）

形式	尺寸名称	计算公式或经验数据
单层同心式	模芯宽度 τ_y	大线圈 $\tau_{yb} = \pi(D + 2h_s)(y_b - x_b)/Z$ 小线圈 $\tau_{ys} = \pi(D + 2h_s)(y_s - x_s)/Z$ 式中 y_b、y_s——以槽数表示的大、小线圈节距； x_b、x_s——经验数据，见表 2-2； D、h_s、Z——定子内径、槽深、槽数
	模芯直线长度 L	$L = l + 2d$ 式中 l——定子铁心长度； d——线圈直线边伸出槽口单边长度，通常取 $10 \sim 20$mm，功率大、极数少的电动机取大值
	端部横芯圆弧半径 R	$R_b = 0.5\tau_{yb}$ $R_s = 0.5\tau_{ys}$
单层交叉式	模芯宽度 τ_y	与单层同心式相同
	模芯直线部分长度 L	
	模芯端部圆弧半径 R	$R_b = \tau_{yb}/t_b$ $R_s = \tau_{ys}/t_s$ 式中 t_b、t_s——经验数据，见表 2-2
单层链式	模芯宽度 τ_y	与双层叠绕式相同
	模芯直线部分长度 L	与单层同心式相同
	模芯端部圆弧半径 R	$R = \tau_y/t$ 式中 t——经验数据，见表 2-2
双层叠式	模芯宽度 τ_y	$\tau_y = \dfrac{\pi(D + 2h_s)}{Z}(y - x)$ 式中 x——经验数据，见表 2-3
	模芯直线部分长度 L	与单层同心式相同
	模芯端部圆弧半径 R	$C = \tau_y/t$ 式中 t——经验数据，见表 2-3

表 2-2 单层绕组经验数据 x 和 t 的取值范围

绕组形式		x, x_b/x_s			t, t_b/t_s
		2 极	4 极	6 极及以上	
单层链式		—	0.85	0.55	1.6
单层同心式	大线圈/小线圈	2.1/1.6	1.1/0.6	—	2
单层交叉式	大线圈/小线圈	2.1/1.85	1.1/0.85	—	1.8/1.9

表 2-3　双层叠绕组经验数据 x、t 的取值范围

电动机极数	2	4	6	8
x	1.5 ~ 2	0.5 ~ 0.75	0 ~ 0.25	0 ~ 0.2
t	1.49	1.53	1.58	1.58

2.1.3　制作木质绕线模的方法

如今，制作木质的电机绕组绕线模已采用电动工具（如电锯、电动刨床等），制作塑料材质的电机绕组绕线模已采用计算机控制的电加工工具。但本节给出的是手工制作木质绕线模操作过程，其目的是示意性地说明其制作过程，如图 2-6 所示。

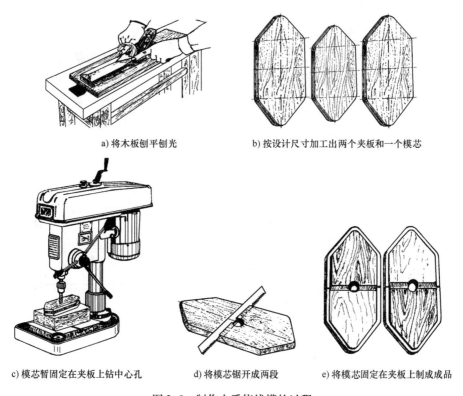

a) 将木板刨平刨光　　　　　　　b) 按设计尺寸加工出两个夹板和一个模芯

c) 模芯暂固定在夹板上钻中心孔　　d) 将模芯锯开成两段　　e) 将模芯固定在夹板上制成成品

图 2-6　制作木质绕线模的过程

先准备好厚度合适的木板，两面刨平刨光。然后，按设计尺寸将木板加工出模芯和夹板。将模芯暂时固定在夹板上，用铅笔在夹板上画出模芯重合线。在中心处钻一个供穿绕线机轴的圆孔。从夹板上取下模芯，以模芯中心孔为中心，在模芯上画一条横向倾斜线，沿此线将模芯锯成两段。

按开始在夹板上画出的模芯重合线将上述锯开的模芯一上一下分别粘牢在两块夹板上。四周粘合后接缝处要密合，以防绕线时导线挤入缝隙中。最后，在夹板上开出一个引线口和几个扎线口。

对一个极相组有几个线圈的绕组，可将几个绕线模制成一组，这样绕制方便，并可直接

过线，既节约了铜线，又可省去焊接以及焊接后的绝缘处理，同时也增加了线圈之间连接的可靠性。

2.2　绕线机和放线装置

2.2.1　绕线机

小规模电机制造和修理单位绕制较小的线圈时，可采用如图 2-7a ~ c 所示的手摇或电动、手摇两用的绕线机；较大的线圈或在有一定规模的电机制造和修理企业，则采用电动（图 2-7d）甚至自动的绕线机，图 2-11 中所用的就是一台由电动机带动、可调速和正反转控制的电动绕线机的工作示意图。

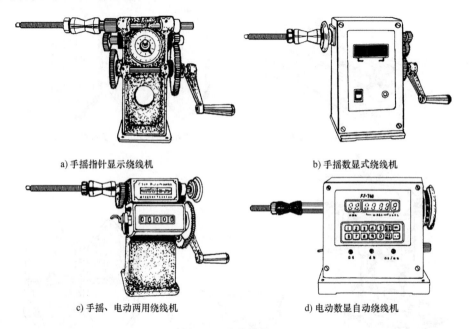

a) 手摇指针显示绕线机　　　　　　　　　b) 手摇数显式绕线机

c) 手摇、电动两用绕线机　　　　　　　　d) 电动数显自动绕线机

图 2-7　小型绕线机

2.2.2　放线装置

放线装置是用来将绕在线轴上的导线绕在绕线模中的过渡装置。其功能应尽可能地保证放线不拧绞（拧"麻花"），并对放出的导线具有一定的拉力，特别是对于较大容量的散嵌绕组电机，其线圈的一匝线需要多根（股）组成，防止各条导线不交叉、不拧绞和拉紧力大致相同，放线装置的结构设计更显重要。图 2-8 是某电机制造厂使用的多根（股）放线装置全图，图 2-9 是其中的导线导向及夹紧装置。

另外，图 2-8 中右前方的那个装置是所有导线"合拢"的地方，称为汇线盒，导线进出口应用软塑料、软木、尼龙等不会伤害导线绝缘层的材料制造。汇线盒中放有石蜡，导线通过时，将在其上粘附少量的石蜡，使其光滑一些，可在一定程度上减少在绕制和嵌线过程中对导线的划伤，并可使嵌线入槽容易一些。对于此种做法，有人持不赞成（但并不反对）

图 2-8　一匝多股绕线用的放线架实物全景图

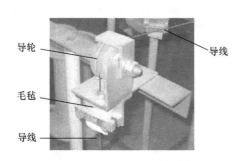

图 2-9　导线导向及夹紧装置实物图

意见，认为，绕组在浸漆时若不预热，则导线表面的石蜡会影响绝缘漆的附着力。所以，是否采用此方法，要根据自己的处理工艺情况来决定。

2.3　绕制线圈之前的准备工作

2.3.1　检查所用电磁线

首先根据绕组所用电磁线的规格型号、绝缘耐热等级、线径等，选用电磁线。根据电磁线包装上的标牌等资料进行核对。

拆开包装，检查绕线的颜色是否均匀、排列是否整齐、有无灰尘及油污等。然后拉出一段导线，用外径千分尺测量其截面直径（见图 2-10a），在没有外径千分尺时，可以用游标卡尺或在一个圆棒上紧密绕 10 圈，然后用直尺测量其总长度，测量值的 1/10 即为一根导线的直径。但应注意，上述测量之中都包含着导线外层绝缘的厚度。可以拉出 2m 左右，在其间测量 3 个点，检查其粗细均匀情况。

2.3.2　检查所用绕线机和放线装置

绕线机应转动灵活，对于电动绕线机，应能利用变速踏板控制其转速的快慢，停转迅速，并具备倒转功能（可用手动方式）；显示圈数的计数器可以手动置零，用手盘动其转轴，计数器显示的圈数应与盘动圈数相符。

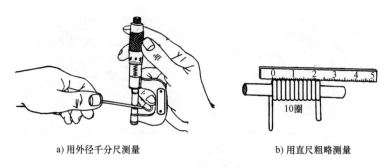

a) 用外径千分尺测量　　　　　b) 用直尺粗略测量

图 2-10　测量导线的截面直径

放线装置应有利于导线移动，但应具有一定的阻力，以避免在绕线机停止时，线盘（线轴）靠惯性转动而使导线脱出。这一点对图 2-11 所示的放线装置尤为重要。导线经过的路径中，不应有可能造成对导线磨伤或划伤的环节。

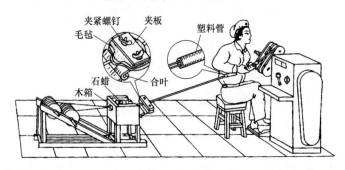

图 2-11　用电动绕线机绕制线圈的工作示意图

2.3.3　检查所用绕线模

所用绕线模的规格尺寸应符合要求，模芯与夹板之间不应有缝隙，边缘光滑，无可能夹持或损伤导线的裂纹和毛刺。

2.4　绕线过程

2.4.1　绕制前的准备工作

1）通过观看产品设计图样或工艺文件，了解需要绕制的绕组规格尺寸和所用导线的品种。

2）检查所用电磁线的直径，符合后，将线轴放在专用支架上，尽可能使各股线处于一个竖直或水平平面内，避免相互交叉缠绕。

3）将所有导线一起穿过装着石蜡的汇线盒后，穿过一根塑料管。

4）按要求选好绕线模，之后将其按顺序安装在绕线机的转轴上，用锁母（一般是一个"反扣"的螺母）将其固定。

5）将绕线模安放在起始方位后，检查绕线机计数器，不在零位时调到零位。

2.4.2 绕制过程和注意事项

以一相连绕、一相4个线圈的绕制过程为例，讲述绕线过程。

1. 绕线始端处理

安装好绕线模后，将线匝始端留出适当长度并套上一段用于手握的绝缘套管和端线绝缘套管（若打算在过桥线处套一段绝缘套管，则按需要再套几段，其长度和个数按过桥线的长度和个数确定），之后将该线端固定在绕线机的轴上或绕线模的某一位置上。将线匝从绕线模顶端的豁口处嵌入绕线模槽内，如图 2-12a 所示。

a) 绕线始端处理   b) 过线到下一个模芯中

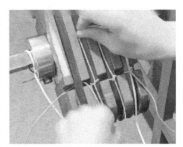

c) 全部绕完后，断开导线，套一段绝缘管，然后用专用钩针和手配合绑扎每个线圈的两个线圈边

图 2-12 绕线和绑扎过程

2. 绕制过程

1）起动绕线机，由慢到快开始绕制。两手握住塑料管，对导线施加一定的力并尽可能地控制导线使其分层整齐排列。观察计数器的数字变化情况，将要达到预定的圈数时，放慢速度。达到预定圈数后，停转。

2）对多个线圈连绕的绕组，通过绕线模的过线口将导线引入到下一个模芯中，如图 2-12b 所示。然后用同样的过程继续绕制到最后一个线圈。

3）绕完最后一个线圈时，留出足够长度后，将线剪断，并套上规定长度的绝缘套管，如图 2-12c 左图所示。

4）在绕线模的绑线槽处，用专用钩针和手配合绑扎每个线圈的两个线圈边，如图 2-12c 所示。所用绑线可采用一次性的纸绳，有些企业为了节省材料，采用事先剪断的一段段棉线绳，在绕线过程中每匝放一段，并系"活扣"，以便在嵌线过程中解开，并收集起来重复使用。对于较大的线圈，应在每一条线圈边上下绑扎两处。

3. 绕制后的处理

上述过程完成后，旋下绕线机轴上的锁紧螺母。之后，对于较小的线圈组，可以将带线圈的绕线模共同卸下，将其放在桌子上，并将绕线模和线圈分开，如图 2-13 所示。

拿出的线圈要按顺序放好。若绕制多个规格的线圈时，应采用系纸扉子等方法注明线圈的规格或电动机型号。

图 2-13　拆下带线圈的绕线模后将两者分开

其他形式的线圈绕制过程和上述过程基本相同。图 2-14 是一台 4 极同心式一相连绕和分两组的不连绕（一个极相组由大、中、小 3 个线圈组成）的线圈。

a) 一相连绕的整相线圈　　　　b) 分组绕制的一组线圈

图 2-14　绕完但还在绕线模中的同心式绕组实物图

4. 绕制过程中应注意的事项

1）绕制过程中，应对电磁线的直径及外观进行抽查，注意观察有无漆瘤和绝缘层破损现象，线径应符合要求，以避免中间的不合格线绕入线圈中。

2）因一轴线用完需要换另一轴或中间发现不合格线段需剪断等原因，要在一个线圈的中间接线时，应将接点安排在线圈端部，如图 2-15 所示，一个线圈中的接头不应超过 1 个，每一相不应超过 2 个。

3）中途换线时，应检查所换线是否符合要求，其中包括牌号和线径、外观等。

4）绕制后的绕组应放在干净处，并采取措施防止被灰尘和其他杂物污染。

5. 绕制过程中导线的连接方法

（1）拧绞焊接法

在一个（或一组）线圈绕制过程中，需要连

接头

图 2-15　一个线圈中的导线接头位置

接导线时，先套上绝缘套管，然后可采用刮掉绝缘漆层，将两个线段拧绞在一起，用电阻焊（俗称碰焊）的方法将其熔焊在一起，单根细导线也可用锡焊，之后先用绝缘胶布包扎，再用绝缘套管套好连接处。

（2）对焊法

单根细导线也可采用对接熔焊的方式连接。这种连接方式形成的连接点不凸出，连接后的外观平整，但需要专用设备（所用的变压器类似于单相交流弧焊机，输出电压应在36V以下）和银焊片，操作也需要一定的技巧和经验。使用银焊片通电熔焊的操作方法如下（见图2-16）：

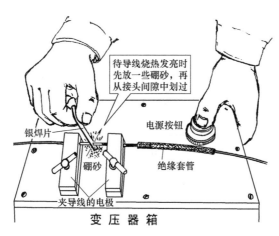

图 2-16　用银焊片通电熔焊的操作方法

事先将要对接的漆包线两端的漆皮去除，在一端套上一段粗细合适的绝缘套管，将两线端夹在电极上，两端刚刚相接触。按下电源按钮后，待导线烧热发亮时，在导线接触部位撒一些硼砂，将银焊片从导线对接处划过，要控制划过的时间，进行1~3次后，松开电源按钮。查看是否焊接牢固，焊点应光滑、无毛刺，若没有焊好，则将导线端头截断后，重复上述过程。

2.5　对散嵌线圈的质量检查

2.5.1　外观和尺寸的检查

对绕好的散嵌线圈，应检查的项目有：①节距；②直线边长度；③端部长度和拐角情况；④总长；⑤整个线圈的导线顺直整齐情况（不得有硬折弯，若有连接点，应处在端部外侧，并且不得多于1个）；⑥漆皮是否有脱落、刮伤或漆瘤；⑦线径。有关项目如图2-17a所示。

2.5.2　匝数的检查

电动机绕组的匝数是一个相当重要的参数，必须得到保证。

1. 人工数数法

当匝数较少或生产批量很少时，可用人工数数的简单办法检查。

2. 线圈匝数检测仪法

批量生产或多匝的线圈，则使用线圈匝数检测仪（市场上有成品出售）进行测量。测量时，应注意与仪器相连接的线端要去除绝缘漆皮，使其接触良好。小型线圈匝数检测仪如图 2-17b 所示。这类匝数检测仪的工作原理是变压器变压原理，仪器内有套在铁心上的一次绕组，该绕组接通一个恒压电源。在仪器外部的铁心部分是由一段可以移动的导磁铁棒组成的，检测时先将铁棒移开，待检线圈放在平板上后，将铁棒转动并与下面的铁心结合，形成闭合的磁路。待检线圈与仪器的两个接线端相连接。这两个接线端与仪器内部的电压测量环节相接，之后再通过模/数转换器、数字转换和显示系统等电路，最后将线圈的匝数显示出来。

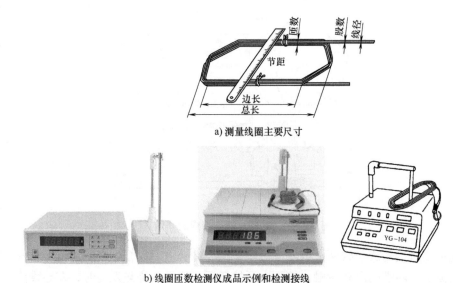

a) 测量线圈主要尺寸

b) 线圈匝数检测仪成品示例和检测接线

图 2-17 对散嵌线圈质量的检查

图 2-18a 给出了一种简单的线圈匝数测量仪电路原理图。其中铁心为口字形，有一个边可打开；N_1 为励磁线圈，其匝数在 1100 ~ 1200 之间，N_2 为标准线圈，其总匝数应多于被测线圈的最多匝数，并按 0 ~ 9、10 ~ 90、100 ~ 900…分档（档数的多少按被检测线圈的最多匝数确定，图中只给出了两档，即最多能测量的匝数为 99 匝），每档中又分为 10 档（含 0 档），所用励磁电源电压为 220V、50Hz。S1 为电源开关；S2 和 S3 分别为个位数和十位数的十档转换开关（见图 2-18b）。N_0 为提供电压显示一定数值的感应线圈，称为"差动线圈"（如无此线圈，当被测线圈与标准线圈的匝数相等时，电压表 PV 的指示值将为零，而电压表损坏或断线时，示值也将为零，这样就有可能造成漏检或误判），其匝数为励磁线圈的 1/20。PV 为交流有效值电压表，满量程为 10V。C_1 和 C_2 为接线铜板。N_x 为被测线圈。R 为调整电阻，用于将电压表 PV 在被测线圈与标准线圈的匝数相同时的指示值调定在一个合适的位置，例如 5V。使用时，先将标准线圈 N_2 的匝数设定为被测线圈应达到的数值，例如图中给定的 $5 \times 10 + 4 = 54$。再将活动铁心打开，将线圈套入后，铁心闭合。用被测线圈的两端导线端面（不必去一段绝缘漆皮）与两个接触片密切接触（稍用力压），同时观察电压表的显示值，若显示值刚好为"差动线圈"的感应电压调整值，则被测线圈的匝数正确；若大于"差动线圈"的感应电压调整值，则说明被测线圈的匝数小于正确值；反之，说明大

于正确值。

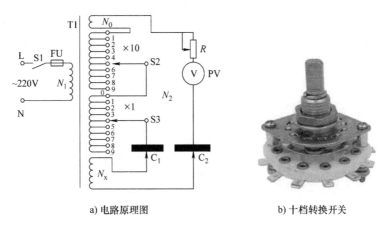

a) 电路原理图   b) 十档转换开关

图 2-18 一种简单的线圈匝数测量仪电路原理图和十档转换开关

3. 测电阻法和称重法

检查匝数还可以采用测电阻法和称重法。测电阻法需要使用较高准确度（不低于 0.2 级）的电阻测量仪；称重法可使用误差不超过 ±1g 的数显台秤（见图 2-19）。这两种方法都要在检测前确定一组匝数正确的绕组的电阻值或重量值，然后求出每一匝线圈的电阻或重量平均值（对两端出线较长的线圈，应适当考虑其影响）。测量后判定匝数是否正确时，在线径和每匝股数正确的前提下，与上述数值的偏差不超过 1 匝平均值的 ±1/5 就可确定所测线圈（组）的匝数正确。当然，为了精确地检测绕组的电阻值，误差值的范围要缩小很多，例如标准线圈（或线圈组）实测值的 ±3%。

上述两种方法中，若只是为了确定匝数是否正确，称重法比较简单、方便。

对于高压电动机线圈，还应检查匝间绝缘并做耐交流电压强度试验。

图 2-19 数显台秤

2.6 对硬绕组线圈的质量检查

一般情况下，定子成型绕组是一个线圈作为一个单元，常用于高压电动机。根据制作时所用的绝缘材料和工艺，分"模压"和"少胶"两大类。模压线圈的绝缘在制作线圈时通过加热固化，已全部成型，绝缘层比较厚；少胶线圈的绝缘在制作线圈时没有固化过程，所以并未完全成型，绝缘层比较薄。图 2-20 给出了两种线圈的外形图。

　　成型绕组线圈一般用绝缘扁铜线绕制，使用专用机械拉弯成需要的形状后，用含胶的云母带进行半叠包，模压线圈还需通过加热固化成型，其绝缘材料和工艺与电动机电压有关。以 6kV 级少胶线圈为例，其结构如图 2-21 所示。由于工艺相对复杂，需用专用设备，本书不作详细介绍。

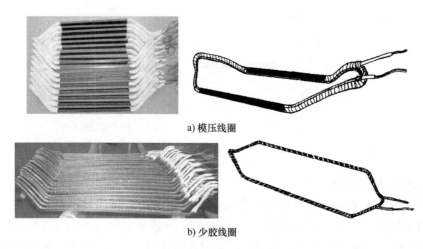

a) 模压线圈

b) 少胶线圈

图 2-20　成型绕组线圈示例

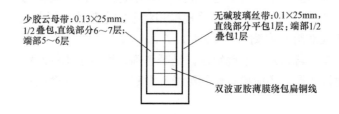

图 2-21　6kV 级少胶线圈绝缘结构

　　对硬绕组线圈的检查和要求如下。

2.6.1　外观检查

　　模压绕组表面应无余胶和其他杂物；直线部分应平直、无尖角和飞刺；颜色应均匀；端部形状应基本一致；直线与端部过渡应无明显的凹凸和褶皱现象。

　　直线部位的绝缘应牢固密实，无内部发空现象。可用图 2-22 所示的黄铜实心球锤敲击绕组，通过发出的声音进行检查和判断。

　　对于用绝缘带包绕的成型绕组，应注意其包绕是否平实；直线部分应顺直；端部应基本一致；弯转部位应圆滑无明显的褶皱；包绕材料不应翘起。

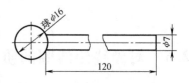

图 2-22　检查绕组密实情况的黄铜实心球锤尺寸

2.6.2　对几何尺寸的检测

图 2-23 给出了中型模压成型绕组的几何形状和尺寸标注符号。表 2-4 列出了检测项目、检测方法和尺寸公差参考标准，选自行业标准 JB/T 50132—1999《中型高压电动机定子线圈成品产品质量分等》中的合格品标准所规定的内容，其他标准是国内一些电动机生产厂家内定的数值，所以仅供参考。对成型绕组的跨距（节距）E 或 y、两直线边夹角的直线偏差 δ 以及鼻高 H 三项进行检查，若不合格，允许进行调整后再次进行测量。

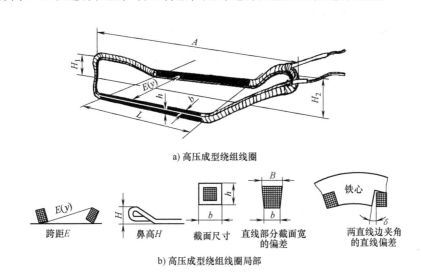

a) 高压成型绕组线圈

跨距 E　　　鼻高 H　　　截面尺寸　　　直线部分截面宽的偏差　　　两直线边夹角的直线偏差

b) 高压成型绕组线圈局部

图 2-23　交流电动机成型绕组的几何形状和尺寸标注符号

表 2-4　成型绕组几何尺寸检测项目、检测方法和公差参考标准

尺　寸　名　称	检　测　方　法	公差参考标准/mm
总长 A	用卷尺或钢板尺测量	± 10
直线部分宽度 b 和高度 h	用卡尺测量。每边各测 3 点（直线边的中心点和两端槽口处）	$b^{+0.2}_{-0.4}$；$h^{+0.4}$（负差不考核）
端部宽度 b' 和高度 h'	用卡尺测量。测量点在斜边的 1/2 处（对经过防晕处理的线圈，应让过防晕层）	$b'^{+2.0}_{-0.5}$；$h' \pm 1.5$
直线部分截面宽的偏差 $B - b$	用卡尺测量。每边各测 3 点（直线边的中心点和两端槽口处）	$\leqslant 0.4$
跨距（节距）E 或 y	用卷尺或钢板尺测量	2、4 极为 ± 7；6 极及以上为 ± 5
两直线边夹角的直线偏差 δ	以冲片、角度样板或角度仪测量	< 2.5
鼻高 H	用卷尺或钢板尺测量	2、4 极为 ± 7；6 极及以上为 ± 5
槽内部分凹坑深度	用尖头外径千分尺测量	$\leqslant$ 双面绝缘厚度的 5%

2.6.3 对电气性能的检测

在 JB/T 50132—1999 中分别规定了额定电压为 3kV、6kV、10kV 级中型高压电机 130（B）级和 155（F）级绝缘成型线圈及 155（F）级绝缘少胶整浸定子线圈的技术条件、试验方法及检验规则和合格标准（以下给出的是该标准中合格品的数值和有关规定），在此只作简单的说明，见表 2-5。表中 U_N 为电机的额定电压，单位为 kV。本部分只给出了耐电压试验和介质损耗测量试验的操作方法，其他试验项目请查阅相关标准和资料。

1. 检查试验项目、方法和标准

表 2-5 中第 1、3 项为检查试验项目，即每个线圈在制作后都需进行；其余项目对按规定进行抽查的线圈。第 5 项提到的"击穿场强"是指线圈击穿电压与该线圈绝缘厚度之比。线圈绝缘厚度为裸导线表面至对地绝缘的外表面（不包括防晕层）的厚度。$U_N = 3$（或 3.15）kV 的电机，不要求进行第 5~8 项试验。JB/T 50132—1999 中没有第 10 项。

表 2-5 中型高压电机定子成型及少胶整浸线圈绝缘性能试验项目、方法及合格标准

项号	项　目	试　验　方　法	合格标准
1	对地绝缘耐交流工频电压	在线圈的直线部位（槽部长度加 20mm）和地之间加（$2.75U_N + 4.5$）kV 的工频电压，历时 1min。施加电压应从零值开始，并以 1kV/s 的速率增加至全值	不击穿
2	对地绝缘耐冲击电压水平	使用耐冲击电压试验仪进行试验，接地处理见本小节第 2 项中的规定 任选工频电压试验和冲击电压试验两种中的一种。施加电压的电极长度应为线圈槽部每端加 10mm 工频电压试验：在线圈槽部对地绝缘上施加（$2U_N + 1$）kV 的工频电压，历时 1min。然后以 1kV/s 的速率增加至 $2(2U_N + 1)$kV，再立即以 1kV/s 的速率降至零值 冲击电压试验：在线圈的对地绝缘上施加（$4U_N + 5$）kV 的标准冲击波（1.2μs/50μs），冲击 5 次	不击穿
3	匝间绝缘耐冲击电压水平	按 GB/T 22715—2016《旋转交流电机定子成型线圈耐冲击电压水平》和 GB/T 22714—2008《交流低压电机成型绕组匝间绝缘试验规范》中相关规定 试验仪器和相关规定见第 9 章	无匝间击穿短路
4	瞬时工频击穿电压与击穿场强	将线圈置于室温的变压器油中，以 1kV/s 的速率从零值开始施加在线圈与地之间（电极长度为线圈的槽部长度）的工频电压增加到可能达到的电压为止	瞬时击穿电压： $U_N = 3$（或 3.15）kV，≥21kV $U_N = 6$（或 6.3）kV，≥42kV $U_N = 10$（或 10.5）kV，≥70kV 击穿场强：≥20kV/mm

（续）

项号	项 目	试 验 方 法	合格标准
5	常态介质损耗角正切 tanδ 及其增量 Δtanδ	用专用电桥在室温下进行测量。测量电极长度应为绕组槽部长度，在两端接屏蔽电极并接地，屏蔽电极宽度应不小于10mm，与测量电极之间的间隙应在2～4mm之间，见图2-26。测量电压从 $0.2U_N$ 开始，每隔 $0.2U_N$ 测量1次，直到 U_N 为止 试验用仪器见图2-27	见表2-6
6	热态介质损耗角正切 tanδ	对线圈的接地处理和所用仪器同本表第5项 将线圈放在温度为（130±5）℃［130（B）级绝缘］或（155±5）℃［155（F）级绝缘］的环境中恒温1h，加电压 $0.6U_N$	成型线圈：≤10% 少胶线圈：≤20%
7	电压耐久性试验（中值）	在常温条件下进行试验，直至绝缘击穿为止。试样应采取防晕措施，不少于5只 $U_N=6$（或6.3）kV 的电机，试验电压为21kV $U_N=10$（或10.5）kV 的电机，试验电压为28kV （对少胶线圈试验电场强度为10kV/mm）	成型线圈：≥300h 少胶线圈：≥500h
8	开始起晕电压试验	1）加压法：试验应在暗室中进行。按对地耐电压的方法给线圈加电压 2）万用表法：用万用表进行测量。按铁心长双边双面各测3点	1）起晕电压应≥$1.5U_N$ 2）表面电阻应在 1kΩ～100kΩ 之间。3点中允许有1点超差，但该点的电阻应≤1000kΩ 和≥0.3kΩ
9	绝缘的热寿命试验	试验方法见 JB/T 7589—2007《高压电机绝缘结构耐热性评定方法》 对130（B）级绝缘：在130℃的外推寿命 对155（F）级绝缘：在155℃的外推寿命	≥20000h

2. 耐电压试验

耐电压试验和其他有耐电压的项目中所讲的"电极"，可用厚度为 0.1mm 或更薄的铝箔（为增加强度，提高使用次数，可在其一面粘贴一层较柔软的纱布）或铝箔复合膜（见图2-24）将线圈包裹而制成。

也可将试验部分埋在细小的钢珠内（用于铸铁件抛丸清砂的细小钢丝切丸在使用一段时间后将形成不规则的钢球，见图2-25，价格很便宜，用在此处很好）。

3. 介质损耗测量

在进行介质损耗测量时，为了进一步加强铝箔和线圈表面的可靠接触，可事先在线圈试

图 2-24　铝箔和铝箔复合膜

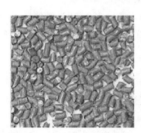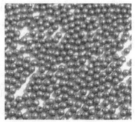

图 2-25　钢丝抛丸和钢珠

验部位涂一层中性凡士林油，然后再将铝箔贴裹在线圈上。该项试验中提到的"屏蔽电极"常被称为"保护环"，如图 2-26 所示。

　　试验要用专用仪器进行，图 2-27 为几种类型的介质损耗测试仪（称为"西林电桥"和电容电桥）。

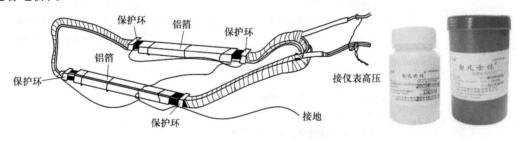

图 2-26　进行介质损耗测量时对线圈有效直线部分的处理

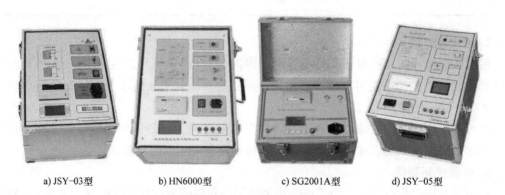

a) JSY-03型　　　　b) HN6000型　　　　c) SG2001A型　　　　d) JSY-05型

图 2-27　线圈介质损耗测试仪

表 2-6　常态介质损耗角正切 $\tan\delta$ 及其增量 $\Delta\tan\delta$

试验参数		$\tan\delta$	$\Delta\tan\delta$	
测点和计算公式		$\tan\delta_{0.2U_N}$	$(\tan\delta_{0.6U_N} - \tan\delta_{0.2U_N})/2$	每 $0.2U_N$ 测量间距的 $\Delta\tan\delta$
合格标准	成型线圈	≤3.0%	$U_N = 6\mathrm{kV}$：≤0.3% $U_N = 10\mathrm{kV}$：≤0.5%	$U_N = 6\mathrm{kV}$：≤0.6% $U_N = 10\mathrm{kV}$：≤0.8%
	少胶线圈	≤3.0%	≤0.6%	≤1.0%

第3章 → 三相定子散嵌绕组的常用嵌线工艺过程

本章详细讲述中小型三相电机定子散嵌软绕组嵌线常用的工艺过程，其中包括常用工装器具、嵌线前的准备工作、所用绝缘材料的制备和安放方法、嵌线共有工艺以及几种常用形式单层和双层绕组的分组嵌线方法。

为了突出本书的"特点"，有关单层绕组"一相连绕、掏包下线"工艺将在第4章详细介绍。

3.1 嵌线常用工装工具

嵌线常用的小型工具及使用说明见表3-1。

表3-1 嵌线常用小型工具及使用说明

名称	实物图	用途及使用说明
圆锉、平锉、双头锉	平锉 圆锉 焊接 平锉 圆锉	用于清除定子槽内的杂物和高出的冲片 其中双头锉由一个圆锉和一个平锉在手柄处焊接起来组成。使用时可互做手柄深入到较长的槽内
划线板	30~35mm 200~240mm 前端截面	用尼龙材料或竹片制成，其前端截面应呈椭圆形，头部应呈圆弧状。要经常保持光滑，以防止划伤导线和槽内绝缘
压线板（压脚）	a=30~50mm b 底面	用于压紧槽内导线或叠压槽绝缘封口。用钢板制作，其压脚部位应进行热处理，使其有较高的硬度和强度；底面四角应磨光并呈圆弧形，纵向可磨成反瓦片状，以利于插入槽中和在槽内前后行走。根据电动机槽截面的宽窄，可准备不同压脚宽度 b 的压线板

（续）

名称	实物图	用途及使用说明
压线用钢钎		用具有一定弹性和强度的钢条制成，截面制成弓形。其用途同压线板
尼龙或塑料铁心锤	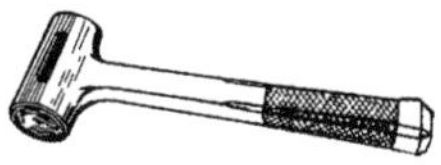	用一个圆柱形铁心外包尼龙（或塑料）制成。用于通过垫打板敲打绕组端部
铁榔头	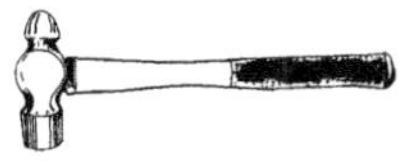	用于敲击修整铁心或通过垫打板敲击绕组端部
垫打板、棍	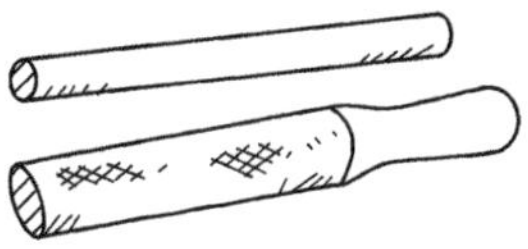	用硬木板或尼龙板等制成。在用榔头敲打绕组时，将其垫在绕组上，可防止伤害导线的绝缘。根据需要，截面可为图示的圆形或椭圆形
剪刀	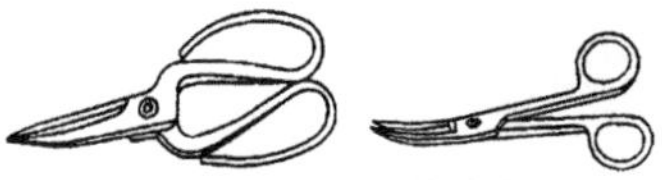	用于修剪相间绝缘、槽绝缘或截取绝缘套管、绑扎带等。弯口剪刀是医用剪刀的一种，用于修剪小型电动机槽口多余的绝缘和端部相间绝缘时，比普通剪刀更顺手
铲刀		用锋钢自制，用于铲除露在槽口外面的多余槽绝缘纸
尖嘴钳	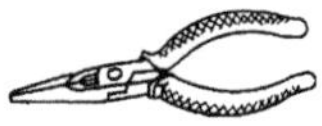	用于截断导线和插拉槽绝缘，有时也用于推拉槽楔或相间绝缘等

　　在嵌线过程中，放置铁心的支架如图 3-1 所示。其中图 3-1a 给出的一种是可使铁心在轴向和圆周平面两个方向上转动的支架，其固定底板 1 和水平转动板 2 用钢板制作，两者之间有一定的间隙，中间用钢制的转轴 5 连接；滚柱通过两端的轴承支架安装在水平转盘上。

　　图 3-1b 和图 3-1a 的结构类似，但简单一些，不能实现水平旋转。

　　图 3-1c 为一个木质的简单支架，可用于小电机（特别是 1kW 以下的单相电机）的嵌线作业。

　　图 3-2 是某厂自制的一个用于中型带机座嵌线可轴向旋转台架（已嵌完线）。使用时，由人工盘动旋转，并设有止动装置。

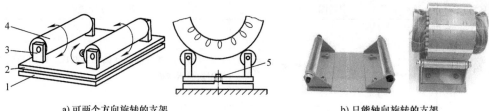

a) 可两个方向旋转的支架　　　　　　　　　　　　　b) 只能轴向旋转的支架

c) 木质小电机铁心支架

图 3-1　定子嵌线用可转动铁心支架

1—固定底板　2—水平转动板　3—滚柱支架　4—滚柱　5—转轴

图 3-2　中型带机座嵌线可轴向旋转台架

3.2　嵌线前应进行的准备工作

1）对要用的线圈（组）进行复查。首先检查线圈（组）上的标志中所填写的内容是否与需要的电机型号规格一致，然后简要复核线圈的尺寸、每组线圈数、每匝导线股数、每股线径等。

2）检查所用铁心，其尺寸应符合要求，外观无磕碰、歪斜、锈蚀和污秽，片间无间隙和松动现象，槽口顺直，槽内外均无高片。

3）对匝数比较多的线圈，为了尽可能地使三相绕组的参数平衡，建议利用高准确度的电阻测量仪测量每一相（或每一极相组）绕组的直流电阻，然后将测量值最接近的三相线圈用在一台电机上。

4）清理槽内和修整翘片。用锉刀或其他合适的工具清除每个槽内附着的杂物，并用压缩空气等将槽内吹干净。铁心两端若有翘片，用榔头将其敲平，如图 3-3a 所示。

5）给槽编号。给铁心各槽按顺序编号（嵌线时，线圈出线端在操作者右手方向时，可按图 3-3b 所示的顺时针方向编号；线圈出线端在操作者左手方向时，可按逆时针方向编号），较小的铁心可隔 1 个槽标 1 个号。1 号槽一般应是 U 相的 U1 端出线（首端）位置。给出这项操作规定，可以说纯粹是为了讲解嵌线顺序的需要，实际嵌线时，无人进行此项工作。

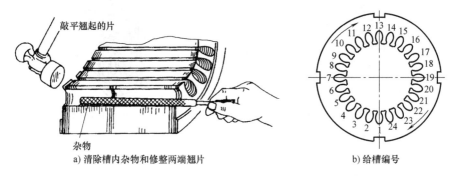

a) 清除槽内杂物和修整两端翘片　　　　　　　b) 给槽编号

图 3-3　嵌线前应进行的准备工作

3.3　定子绕组所需的绝缘材料、裁制方法和尺寸要求

根据电动机规格大小、电压高低等不同的要求，定子绕组嵌线需要的绝缘材料有槽绝缘、层间绝缘、盖纸条、相间绝缘等纸状绝缘材料和云母板、玻璃布板等。

不同绝缘等级的电动机采用不同等级的槽绝缘和相间绝缘材料。以下所介绍的内容中，是以 Y、Y2、Y3 或 YE 系列以及相关派生系列电动机所采用的 DMD（其中：M 代表"聚酯薄膜"；D 代表"聚酯纤维纸"，也叫"聚酯纤维无纺布"，简称"无纺布"）或 DMD + M 为例给出的。

1. 绝缘材料的剪裁

为使绝缘材料发挥其较好的力学性能（主要是防划防裂），应考虑剪裁和使用方向问题。图 3-4 给出了两种绝缘材料的剪裁方向。其他材料应按照其使用说明或通过实验来确定。

图 3-4　绝缘材料的剪裁方向

2. 绝缘的种类及尺寸

图 3-5a 为双层绕组叠口式槽截面；图 3-5b 为单层绕组盖口式槽截面。前者有两种绝缘；即槽绝缘及层间绝缘；后者也有两种绝缘，即槽绝缘及盖口绝缘（俗称盖条）。

另外，在绕组端部各相之间要夹一层绝缘，称为相间绝缘，一般裁成三角形，最后进行修剪。

各种绝缘的剪裁形状及尺寸见图 3-5c ~ f，图 3-5c 中两端的 M 表示在绝缘 DMD 上再附一层 M，M 比 DMD 两端各长出 10 ~ 12mm，使用时将其两端折包在 DMD 上。图中 a 值见表 3-2。

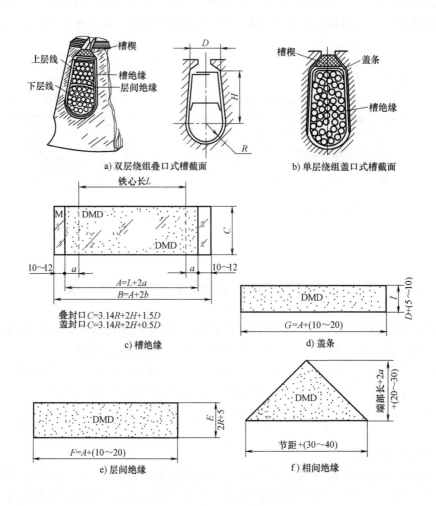

图 3-5　绝缘材料及尺寸

表 3-2　槽绝缘伸出铁心长度 a 的推荐值（mm）

机座号	≤71	80~100	112~160	180~225	250	280	315	355
a/mm	7.0	7.5	8.0	10	12	15	18	22

应该说明的是，我国不同厂家给出的槽绝缘纸的宽度根据两种不同嵌线时的要求而不同，一种是"刚好够用"，即像图 3-5a、b 所显示的那样；另一种是高出槽口一部分，如图 3-6 所示。这样做的目的是，在嵌线时，将高出的部分作为方便顺利将导线嵌入槽内并避免槽口划伤导线的"引线纸"（第一种尺寸的槽绝缘纸，在嵌线时需要另用两片引线纸，见后续内容中的图片），在将导线全部嵌入槽内后，再用铲刀将多余部分去掉（见图 3-6 右图）。去掉的一条绝缘纸，若其尺寸刚好符合槽盖纸的要求，可以用其数量的一半，但实际生产中，一般是将其作为垃圾扔掉了。这样既造成了材料的浪费，又带来了环境污染，所以作者持不赞成的态度。

图3-6 使用高出槽口许多的槽绝缘纸，嵌线后去掉多余部分

3.4 定子绕组嵌线共用工艺过程

尽管三相绕组有几种不同的形式以及单、双层之分，但其嵌线工艺过程却有很多共同之处。工艺顺序按表3-3和表3-4介绍的内容进行，其中有些内容要根据电动机的大小和具体工艺情况加以取舍。本书附录给出了部分过程的现场照片。

表3-3 定子绕组嵌线共用工艺过程之一——安放槽内绝缘

序次	过程名称	操作方法和注意事项	图示
1	安放槽绝缘	当使用DMD+M时，先将M两端折包在DMD上。然后沿纵向折起呈口袋状，用手捏住上口插入槽中。两端露出的槽的长度要相等	
2	安放层间绝缘	用手将层间绝缘捏成向下弯曲的瓦片状，插入槽中下层线上。要盖住下层线	
3	安放盖条	操作方法与安放层间绝缘完全相同。同时要求将其插入槽绝缘内并将导线包住	

表3-4　定子绕组嵌线共用工艺过程之二——嵌线和端部整形

序次	过程名称	操作方法和注意事项	图示
1	理线	解开线圈的一个绑扎线，两手配合，先用右手将线圈边理直捏扁，再用左手捏住线圈的一端向一个方向旋拧导线，使直线边呈扁平状	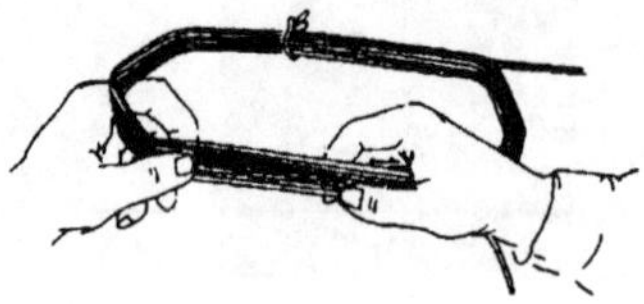
2	插放引线纸	将称为引线纸的两片 M 插放在槽内。该纸高出槽口 40~60mm，用于引导导线顺利嵌入槽内	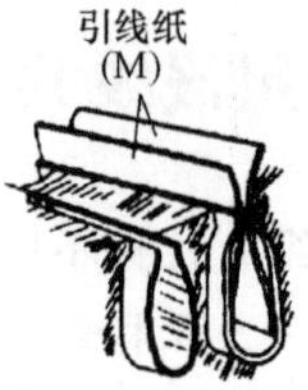 引线纸(M)
3	嵌线入槽	右手捏平线圈直线边，左手捏住线圈前端（非出线端），使直线边和槽线呈一定角度，将线圈前端下角插入引线纸开口并下压至槽内，左手拉、右手推并下压，将线圈直线边嵌入槽内	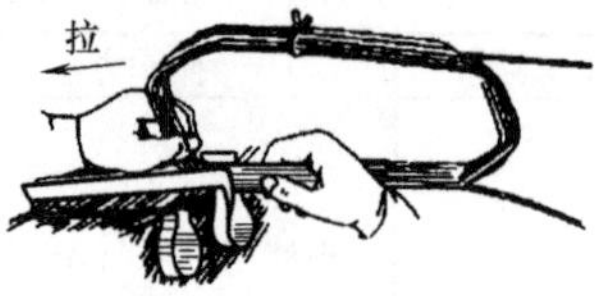 拉
4	划线入槽	当按上述方法导线未能全部嵌入槽内时，可用划线板划入槽中。插入位置应靠近槽的两侧，并左右交叉换位，适当用力划压导线进入槽内。为防止导线被划走，在划线时，左手应捏住线圈另一端并用一定力下压。操作时要耐心，防止强行划理交叉线造成导线绝缘损伤，划线板的尖端不要划到槽底，以避免划破槽底绝缘	 划线板
5	安放起把线圈垫纸	起把线圈是为了让最后几个线圈嵌入而有一个边暂不嵌入槽内的线圈。根据槽数的多少和绕组形式的不同，起把线圈的个数也不同 由于起把线圈的一个边要在最后嵌入槽内，为防止它被划伤或磕伤，特别是被下面的槽口划伤，所以要在它们的下面放一张垫纸，一般用绝缘纸或牛皮纸	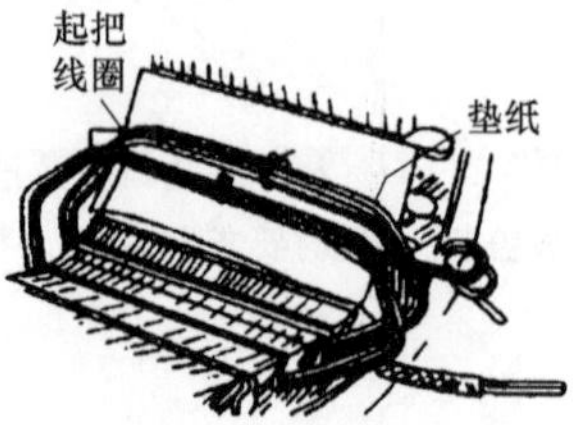 起把线圈　垫纸

（续）

序次	过程名称	操作方法和注意事项	图示
6	连绕线圈的放置方法	对于连绕的几个线圈，可平摆在铁心旁，嵌入一个线圈后，将下一个线圈先沿轴向翻转180°，再将外端翻转180°，使出线方向和绕向与前面嵌入的线圈相同，如左图所示。也可将所有线圈挂在右手臂上，一个接一个地摘下嵌入，如右图所示 连绕的线圈都是采用先依次嵌入第一条边，再依次嵌入第二条边，最后逐个进行封槽或插入层间绝缘、盖纸的操作方法	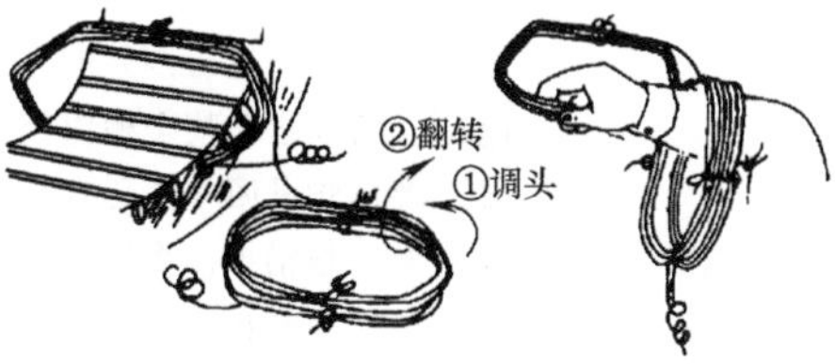 ②翻转　①调头
7	嵌第二条边	在嵌一个线圈的第二条边前，应用两手理顺第二条边，然后再嵌入	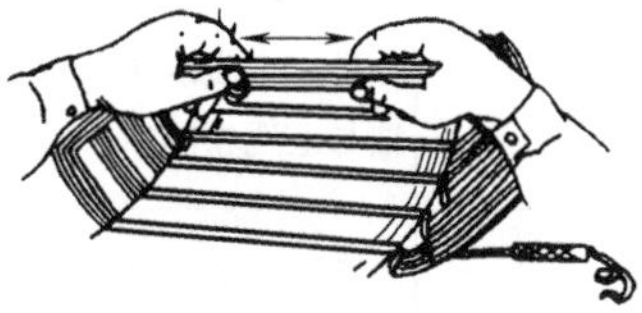
8	插入层间绝缘	将层间绝缘插入后，用压脚插入槽中，用榔头轻轻敲击压脚，从一端到另一端，使下层线压实，以利于上层线的嵌入	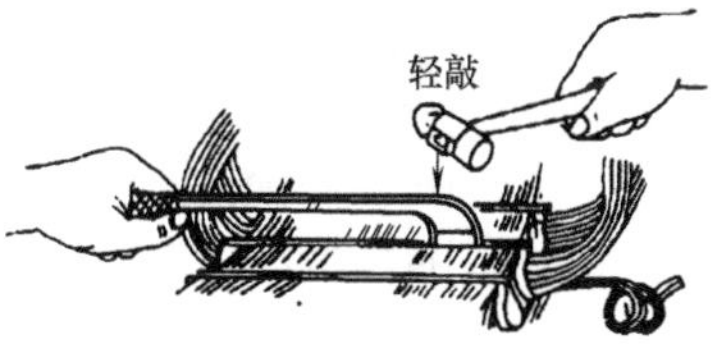 轻敲
9	嵌线过程中的端部整形	在嵌线过程中，应随时对其端部进行整形，这一方面便于导线在槽内固定（未插入槽楔时），同时也便于以后线圈的嵌入，更为最后的端部整形打下一个好的基础。对于较细或较软的导线，可用两手同时按压一端；对于较粗或较硬的导线，则要用榔头通过垫打板敲打。应注意不要用力过大或过猛，以防止压破槽口绝缘或打破导线绝缘，造成对地短路或匝间短路	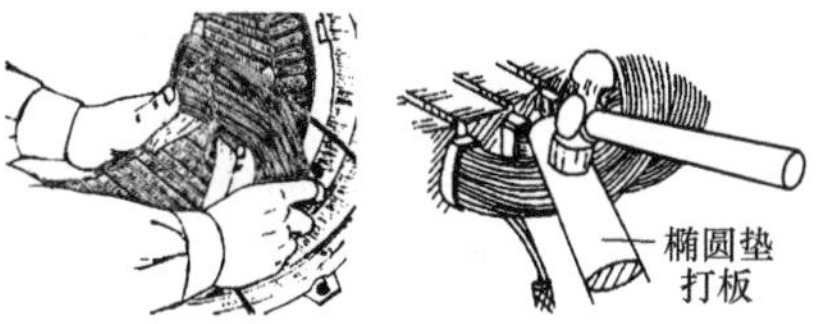 椭圆垫打板
10	每个线圈的端部包扎	对于较大容量（机座号200以上）某些规格的电动机，为了加强线圈端部之间的绝缘，可采用每个线圈端部都包一段绝缘漆布带的工艺	 漆布带 拉紧后剪去多余部分 过线

（续）

序次	过程名称	操作方法和注意事项	图示
11	槽绝缘封口和插入槽楔	槽绝缘封口和插入槽楔一般都是同时完成的。以叠式封口为例，先用左手拿压脚从一端将槽绝缘剩出部分的一边压倒并向另一端推进，将该边在整个槽内都被压倒。当压脚退回一段距离后，用右手拿一根槽楔，将槽绝缘的另一个边压倒叠在用压脚压倒的边上。一边后退压脚，一边推进槽楔，至整条槽楔插入为止。当槽楔在最后一段，手无法用力时，可用划线板的根端或另一只槽楔顶进。用压线钢钎进行操作的方法与上述相同	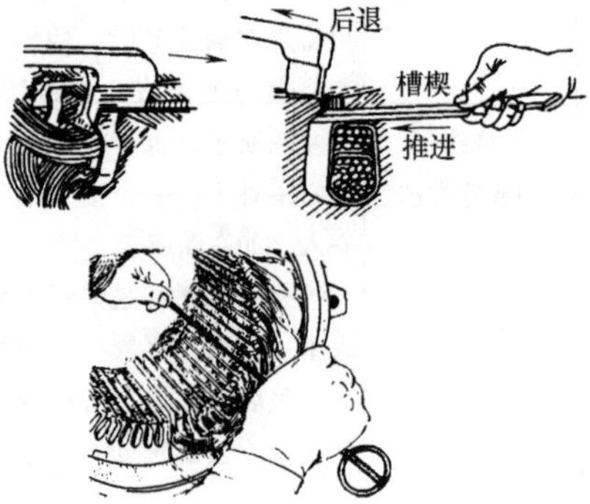
12	翻把	翻把又称吊把（此处的"把"是对线圈直线边的称呼），是为了嵌入最后几个线圈的第一个边，而将起初几个起把线圈遮盖上述线圈所用槽的线圈边撩起的过程。撩起的线圈可用其他线圈的端头拉住	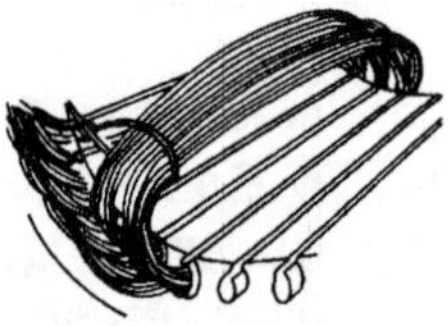
13	插入相间绝缘	相间绝缘可在嵌线过程中插入，也可以在嵌线全部完成后插入。但对于多极数和多槽的较大容量电动机，由于线圈端部相互挤压得较紧，最后插入比较困难，所以应采用边嵌线边插入相间绝缘的办法。相间绝缘应插到铁心端面。对端部进行初步整形后，用剪刀剪去露出的相间绝缘，但应留下一定尺寸，高出导线的尺寸为端部内圆 3mm、外圆 5mm	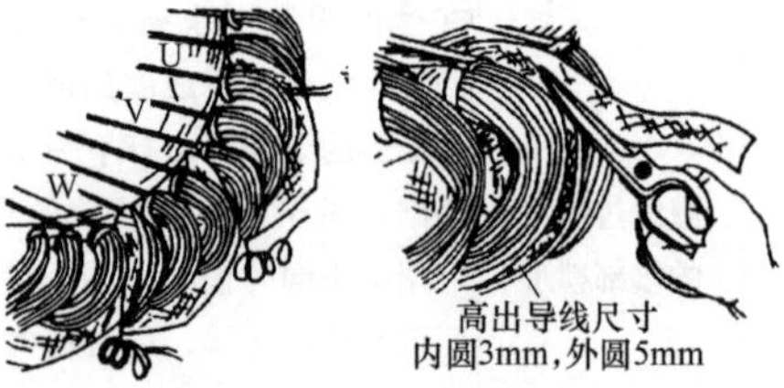 高出导线尺寸内圆3mm，外圆5mm

3.5 四种常用形式绕组的嵌线工艺过程实例

3.5.1 绕组展开图及相关说明

1）为绘图和讲述方便，示例尽可能选用了最少槽数的方案，并且绘出的只是出线端的端面平视图。

2）从出线端看去，嵌线后退方向为顺时针（出线在操作者右手方向）。

3）图中每个极相组中各线圈之间按连绕的方式给出。

4）三相绕组单层示例按 U 相、V 相、W 相的顺序分别用粗实线、细实线和虚线表示；双层用三种粗细不同的线表示。

5）三相绕组的接线是按常规理论所绘的展开图进行的，但实际应用中，为了接线简短或相序的需要，可能改变接线位置，但三相间的相位及各相头尾间的连接顺序不可改变。

6）实际上，在嵌线过程中，只要按顺序将各相线圈嵌入定子铁心槽内，并注意各线圈的头（首）尾（末）端位置不要放反，即头端和尾端各在一个方向。在嵌线后接线时，再按接线图（平面的展开图或端面圆接线图）连接各线圈和引出线。最后，按规定的相序方向给出每条引出线的标号（U1、V1、W1 和 U2、V2、W2）或不同显色（黄、绿、红）。

也就是说，在下述内容中给出的 U 相、V 相和 W 相，只是为了讲述嵌线过程，实际上，在生产中并不是这样，而最多是说第一相、第二相和第三相。

3.5.2 单层同心式绕组

1. 参数和展开图

型号：Y100L-2。有关参数：槽数 $Z_1 = 24$；极数为 2（$p = 1$）；大线圈节距 $y_1 = 11$；小线圈节距 $y_2 = 9$；支路数 $a = 1$（1 路串联）；每极每相槽数 $q = 4$。

图3-7 为本例的绕组展开图。其中图3-7a 是一相（U 相）的，图3-7b 是三相的。下端为出线端，按与嵌线后退方向为顺时针（平面为从右向左）方向排列槽号，其他书中，大部分是按从左到右的顺序（即在出线端为逆时针方向）排列槽号，但作者见到一本孙洋编写的书名为《图解三相电动机绕组嵌线·布线·接线》（2011 年）却"与众不同"，是顺时针的，使作者找到了一个"同伙"。至于两个序号的标注方向，哪一个更合适，实际上没有答案，只要能使讲述方便，读者能理解即可，因为前面已经说过："给出这项操作规定，可以说纯粹是为了讲解嵌线顺序的需要，实际嵌线时，无人进行此项工作"。本书后面的内容中，既有和此例相同的，也有不同的（双层叠式）。

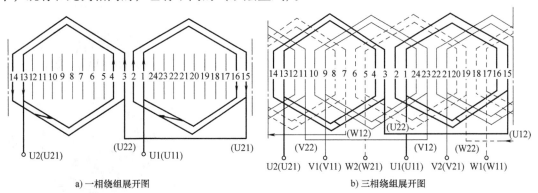

a）一相绕组展开图　　　　　　　　　　　　b）三相绕组展开图

图3-7 24槽、2极、1路同心式绕组展开图

2. 嵌线、放置绝缘和接线过程

（1）起把

将 U 相一组共 2 个线圈的两个边分别嵌入 1、2 号槽内。另两个边暂不嵌入，为前两个起把线圈，如图3-8a 所示。后退隔 2 个槽（即 3、4 号槽），在 5、6 号槽嵌入 W 相的两个

线圈边；另两个边暂不嵌入，为后两个起把线圈，如图 3-8b 所示。

（2）中间嵌线

再隔 2 个槽（7、8 号槽），在 9、10 号槽嵌入 V 相的两个线圈边；其另两个边分别嵌入 23、24 号槽内，如图 3-8b 所示。以后，按上述（1）的过程，每嵌 2 个线圈后，后退 2 个槽再嵌两个线圈，直至嵌到 17、18 号槽内，如图 3-8c 所示。对于较大的电动机，每嵌入一个线圈边都要用槽楔封好；较小的电动机（如机座号在 132 以下），可在所有线圈嵌完后一起插入槽楔封槽。

（3）翻把和落把

当要嵌 21、22 号槽时，原 4 个起把线圈就起了妨碍作用。因此需将其翻起，使 22 号及以前的槽露出来，如图 3-8c 所示。当 20、21 号槽嵌好后，按 15、16、19、20 号的顺序将 4 个起把线圈边嵌入，即落把。插入槽楔，封好槽。整理槽楔，使之伸出两端的长度相等。

（4）插入相间绝缘

插入相间绝缘并初步整形后，用剪刀修剪多出的相间绝缘。最后再次对端部进行整形。

（5）接线

按展开图（见图 3-7）所示进行接线，并绑扎，引出 6 条线 U1、U2、V1、V2、W1、W2，如图 3-8d 所示。

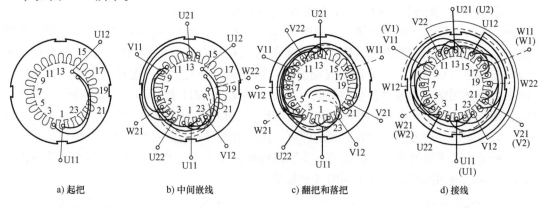

| a) 起把 | b) 中间嵌线 | c) 翻把和落把 | d) 接线 |

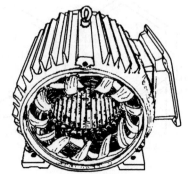

e) 嵌线后和端部绑扎后的实体图

槽序号	1	2	3	4	5	6	7	8	9	10	11	12	13	14	15	16	17	18	19	20	21	22	23	24
嵌线次序号	1	2	11	12	3	4	15	16	5	6	19	20	9	10	21	22	13	14	23	24	17	18	7	8

图 3-8　24 槽、2 极、1 路同心式绕组嵌线过程

3. 嵌线规律

上述嵌线顺序见图3-8中最下面的对应表。从上述过程中可以看出，本例的嵌线规律如下：

1）起把线圈数为4，即等于每极每相槽数。

2）嵌线顺序是每嵌2个槽，隔2个槽，再嵌2个槽。

3）一相的一组线圈第1个边嵌入顺序是先小后大，第2个边是先大后小（大小指线圈而言。若有3个线圈，则先为小、中、大，后为大、中、小）。

3.5.3 单层链式绕组

1. 参数和展开图

型号：Y90L-4。有关参数：槽数 $Z_1 = 24$；极数为4（$p = 2$）；线圈节距 $y = 5$；支路数 $a = 1$（1路串联）；每极每相槽数 $q = 4$。绕组展开图如图3-9所示。

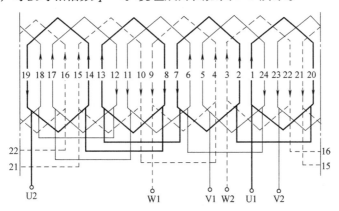

图3-9 24槽4极1路链式绕组展开图

2. 嵌线、放置绝缘和接线过程

（1）起把

在1号槽内嵌入1个线圈（U相）；隔1个槽，即在3号槽内再嵌入1个线圈（W相）；再隔1个槽，即在5号槽内嵌入1个线圈（V相）。这3个线圈的另一个边均暂不嵌入，即起把线圈，如图3-10a所示。

（2）中间嵌线

将第4个线圈（U相的第2个线圈）的一个边嵌入7号槽（与第3个线圈又隔1个槽），另一个边嵌入2号槽（按节距为5向前数出来的）。以后均是向后退着（顺时针方向）每隔1个槽嵌入1个线圈，直到嵌到19号槽，如图3-10a和图3-10b所示。

（3）翻把和落把

当嵌到19号槽后，将前面的3个起把线圈翻把，如图3-10b所示。再嵌入两个线圈后，依次将前3个线圈的剩余边分别嵌入20号、22号和24号槽内，完成落把工作，如图3-10b所示。

（4）插入相间绝缘

插入相间绝缘并初步整形。

（5）接线、整形

按展开图所示进行各相中的有关连线。若采用一相连绕嵌线掏把的工艺，将无须进行一相中4个线圈间的连线，如图3-10c所示。连线后整形和绑扎。

3. 嵌线规律

1）起把线圈3个。

2）隔1个槽嵌1个槽。

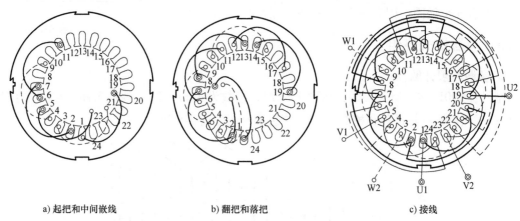

a) 起把和中间嵌线　　　　　b) 翻把和落把　　　　　c) 接线

图3-10　24槽4极1路链式绕组嵌线过程

3.5.4　交叉链式绕组

1. 参数和展开图

型号：Y132S-4。有关参数：槽数 $Z_1 = 36$；极数为4（$p = 2$）；大线圈节距 $y_1 = 8$，小线圈节距 $y_2 = 7$；支路数 $a = 1$（一路串联）；每极每相槽数 $q = 3$。三相绕组展开图如图3-11所示。

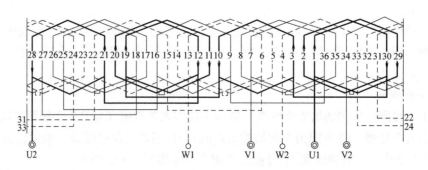

图3-11　36槽4极1路交叉链式绕组展开图

2. 嵌线、放置绝缘和接线过程

（1）起把

在1、2号槽内分别嵌入U相大线圈的两个边并插入槽楔。另两个边暂不嵌入。隔1个槽，即在4号槽内嵌入W相小线圈的一个边，并插入槽楔，另一个边暂不嵌入。以上3个线圈为起把线圈，如图3-12a所示。

（2）中间嵌线

上述 3 个起把线圈嵌入后，隔过 5 号、6 号两个槽，在 7 号、8 号两个槽内分别嵌入 V 相的两个大线圈的一个圈边，其另外一个边分别按节距 $y_1 = 8$ 嵌入 35 号、36 号槽内。嵌入后可插入槽楔封槽。再隔 1 个槽（9 号槽），在 10 号槽内嵌入 U 相小线圈的一条边，另一条边嵌入 3 号槽（$y_2 = 7$）。插入槽楔。以后，一直按上述规律，即"隔 2 个槽嵌 2 个大线圈后，隔 1 个槽嵌 1 个小线圈"进行下去，直至嵌到起把线圈影响进一步嵌入时，即嵌到 28 号槽时，如图 3-12b 所示。

（3）翻把和落把

当嵌到 28 号槽后，开始翻把，至嵌到 34 号槽时，开始落把，如图 3-12b 所示。

（4）插入相间绝缘及整形

这种形式的相间交叉点比较多，应特别注意不要插错位置。

（5）接线

参照展开图进行接线，如图 3-12c 所示。应注意，有的产品为了使接线简短，出线位置可能与图 3-8 和图 3-12 所示的有所不同。

3. 嵌线规律

1）起把线圈 3 个。

2）嵌 2 个大线圈后，隔 1 个槽嵌 1 个小线圈，再隔 2 个槽后嵌 2 个大线圈……

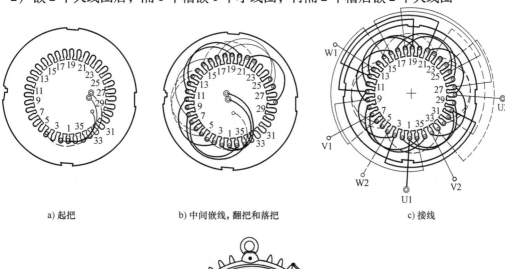

a) 起把　　　　　　　b) 中间嵌线，翻把和落把　　　　　　　c) 接线

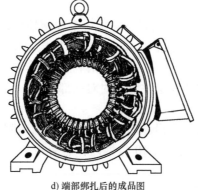

d) 端部绑扎后的成品图

图 3-12　36 槽 4 极 1 路交叉链式绕组嵌线过程

3.5.5 双层叠式绕组

1. 参数和展开图

有关参数：槽数 $Z_1 = 36$；极数为 4（$p = 2$）；节距 $y = 7$；支路数 $a = 2$（2 路并联）；每相线圈数为 12。绕组展开图如图 3-13 所示。本例槽号的排列顺序方向与前 3 例相反，即按逆时针方向。

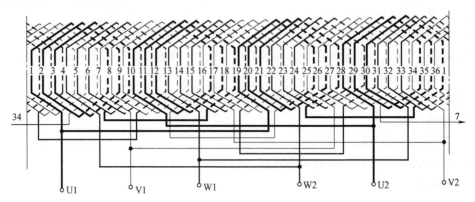

图 3-13　36 槽、4 极、节距为 7、支路数为 2 的双层叠式绕组展开图

2. 嵌线、放置绝缘和接线过程

槽号按逆时针方向排列。嵌线时的顺序沿槽号减少的方向进行。嵌线、放置绝缘、整形和接线过程如下。

（1）起把

从 36 号槽开始，倒退着嵌入一相的一组 3 个线圈的第一个边，并插入层间绝缘，另 3 个边暂不嵌入。接着，在 36 号、35 号、34 号槽中嵌入另一相的一组 3 个线圈的第一个边，并插入层间绝缘，另 3 个边也暂不嵌入。随后，在 33 号、32 号、31 号槽内嵌入第三相的一组 3 个线圈的第一个边，并插入层间绝缘，第一个线圈的另一个边暂不嵌入。另两个线圈的另两条边可嵌入 3 号、2 号槽内，嵌入后可插入槽楔封好槽，如图 3-14a 所示。

上述 7 个未嵌入第 2 个边的线圈为起把线圈。这个数值刚好等于线圈的节距 y，这是双层叠式绕组起把线圈个数的统一规律。

（2）中间嵌线

与起把过程相同，一相 3 个线圈、一相 3 个线圈地依次嵌入槽中下层后，插入层间绝缘，然后按节距 $y = 7$ 将剩余的边嵌入槽中并插入槽楔封槽。每嵌好一相的 3 个线圈即插入相间绝缘。直至嵌到 11 号槽时，进入翻把和落把过程，如图 3-14b 所示。图中箭头指向为插入相间绝缘位置。嵌线过程中应注意随时对端部整形。

（3）翻把和落把

将 7 个起把线圈依次翻起并沿原顺序逐个嵌入新的线圈，即沿 9、8、7…依次嵌入。线圈落把应依次进行，即第一把嵌入 10 号槽内，然后为 9 号、8 号、7 号、6 号、5 号、4 号槽，如图 3-14b 所示。

（4）整形、接线和绑扎

初步整形后，按展开图接线，如图 3-14c 所示。从图中可以看出一个规律，即出线槽都是两层线圈为一相两组共享的槽,并且引出的6条线均在下层边中。

接线后进行绑扎和整形。

3. 嵌线规律

1)起把线圈数为7,即等于节距数。

2)沿槽号依次排列着嵌入。按此例的槽编号顺序,实际上是从最大序号(36)逐渐往小序号方向依次排列嵌入。

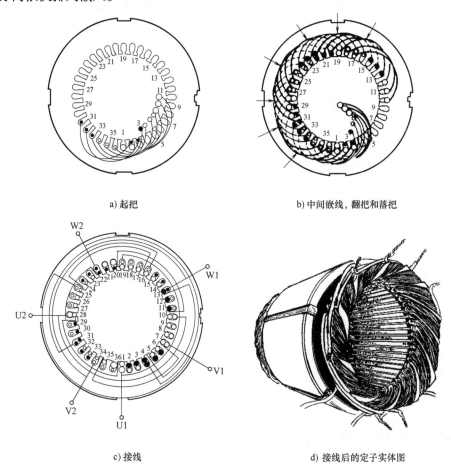

a) 起把

b) 中间嵌线,翻把和落把

c) 接线

d) 接线后的定子实体图

图3-14 36槽、4极、节距为7、支路数为2的双层叠式绕组嵌线过程

第4章

单层散嵌绕组掏包嵌线工艺

在本书的序和前言中已经说到，作者编写这本书的最主要目的之一是将手工嵌线工艺中最具有技术性的"一相连绕、掏包下线"写出来，供该行业从业者自学，从而在一定程度上摆脱师傅带徒弟的传统做法。本章就将本书作者们在生产现场多名技师们的现场表演和指导下，通过录制视频、后期提炼和制作得出的结果，以及参照互联网上的一些资料整理的部分内容贡献给各位读者。需要说明的是，由于我国电机生产企业传统的习惯有所不同，"掏包下线"的实际操作方法也不尽相同。其中在"掏包"的问题上，有"先掏后下"和"边掏边下"两种工艺，另外就是存在第3章中提到的右手出线和左手出线的问题。本章中，对这些不同的工艺（或者说习惯）尽可能地都给予介绍，并且同一种形式的绕组可能给出两种或更多种讲述方法，以便大家根据各自地方的习惯来选择。

请注意：以下文中，提到"上层边"和"下层边"两个概念，单层绕组怎么会出现上、下的说法呢？其实，这里的"上""下"与双层绕组在一个槽内的上、下概念完全不同，这里的"上层边"指的是一只线圈后嵌的那条边，"下层边"就是先嵌的那条边。之所以这样命名，是因为单层绕组嵌完后，从一端看，各只线圈的端部是"重叠"排列的（同心绕组有可能不是这样），感官上给人一种一只线圈的两条边所处位置有上下之分（看一下图4-1中线圈的排列情况，就会有这种感觉），故行业中给出了这种习惯的叫法。

另外需要说明的一点是，由于用纸质图书形式详细表达相对复杂的工艺过程比较困难，在表述过程中，可能会出现不细致和不太明确的问题，希望读者，特别是精于此项技术的技师们提出宝贵意见和建议，以便将来进一步完善。

4.1 单层36槽4极交叉链式绕组边掏边下工艺

4.1.1 绕组参数和展开图

本电机定子铁心有36个槽，极数为4极，绕组形式为单层交叉链式（简称交叉式），每一相绕组由两个极相组，每个极相组由2大1小共3只线圈组成，则每一相绕组共有6只线圈。大线圈的节距 $y_1 = 8$ 个槽（1—9），小线圈的节距 $y_2 = 7$ 个槽（1—8）。并联支路数为1（即一相串联）。三相绕组连接方法为三角形（△）联结。展开图如图4-1所示，图中，用3种不同的线条区分三相绕组线圈；图上边给出的是每一相绕组线圈的序号，下面标出的是三相绕组的6个出线端标记，为了区分，这6个标记序号1和2用下标方式给出；采用右手端出线方式，在出线端，槽号排列顺序为从右向左，即在铁心内圆中为顺时针方向。

一相连绕后的 W 相绕组如图4-2所示，其中 W1 和 W2 以及 W4 和 W5 为大线圈，W3和 W6 为小线圈。从图4-2中还可以看出，6只线圈顺序排列、绕向一致，但大、小线圈连接时,应一正一反,形成两个磁极。所以嵌线前还要"掏包",使各相的大线圈与小线圈的绕向相反。U 相和 V 相与此相同。

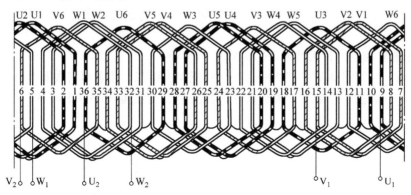

图 4-1 36 个槽、4 极、一相串联单层交叉链式绕组展开图

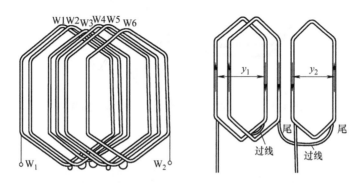

图 4-2 一相(W 相)连绕后的线圈排列和一个极相组线圈之间的连接关系

4.1.2 各相绕组自身掏包

将 W1 ~ W5 共 5 只线圈一起从 W6 线圈中掏过,再将 W1 和 W2 两只线圈从 W3 线圈中掏过。经整理,最后该相各线圈排列顺序如图 4-3 所示。将 W 相放在工作台上。

U 相和 V 相与上述的掏包过程相同。

4.1.3 嵌线过程

1. 嵌 U 相的两只大线圈

将 U 相的两只大线圈 U1 和 U2 的下层边分别嵌入 9 号槽和 10 号槽内,放入盖纸条并插入槽楔(此过程以后简称为"封槽");这两只线圈的上层边将要嵌入 1 号槽和 2 号槽内,但暂不嵌入(作为起把线圈),如图 4-4 所示。

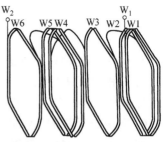

图 4-3 一相(W 相)线圈掏包后的排列顺序

2. 准备嵌 W 相的小线圈 W6

嵌入之前,应将线圈 U3 ~ U6 一起掏过线圈 W6。掏好后,将线圈 U3 ~ U6 放在 W1 ~ W5 左侧,如图 4-4 的右侧部分所示。

3. 嵌 W 相的小线圈 W6

将线圈 W6 的下层边嵌入 12 号槽内（即和已嵌入线圈 U2 的 10 号槽之间空 1 个槽），封槽。W6 的上层边将要嵌入 5 号槽内，但暂不嵌入（作为起把线圈），如图 4-5 的左侧部分所示。

4. 准备嵌 V 相的两只大线圈 V1 和 V2

嵌入之前，应将线圈 W1 ~ W5 一起掏过线圈 V1 和 V2，接着再将线圈 U3 ~ U6 一起掏过线圈 V1 和 V2，如图 4-5 的右侧部分所示。掏好后，将线圈 U3 ~ U6 和 W1 ~ W5 顺序放在 V3 ~ V6 左侧。

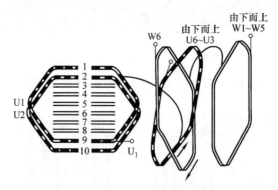

图 4-4　嵌 U 相的两只大线圈 U1 和 U2，掏 W6

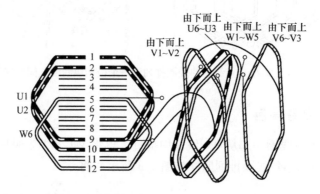

图 4-5　嵌 W 相的小线圈 W6，掏 V1 和 V2

5. 嵌 V 相的两只大线圈 V1 和 V2

将 V 相的两只大线圈 V1 和 V2 的下层边分别嵌入 15 号槽和 16 号槽内，上层边分别嵌入 7 号槽和 8 号槽内，4 个槽都封上，如图 4-6 的左侧部分所示。之后可插入相间绝缘。

6. 准备嵌 U 相的小线圈 U3

嵌入之前，应将线圈 W1 ~ W5 和 V3 ~ V6 一起掏过线圈 U3，如图 4-6 的右侧部分所示。掏好后，将线圈 W1 ~ W5 和 V3 ~ V6 一起顺序放在 U4 ~ U6 左侧。

7. 嵌 U 相的小线圈 U3

将线圈 U3 的下层边嵌入 18 号槽内，上层边嵌入 11 号槽内，封槽，如图 4-7 的左侧部分所示。之后可插入相间绝缘。

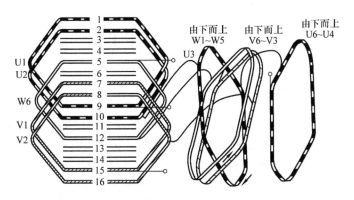

图 4-6 嵌 V 相的两只大线圈 V1 和 V2，掏 W1～W5 和 V3～V6

8. 准备嵌 W 相的两只大线圈 W5 和 W4

嵌入之前，应将线圈 V3～V6 和 U4～U6 同时掏过线圈 W5 和 W4，如图 4-7 的右侧部分所示。掏好后，将线圈 V3～V6 和 U4～U6 顺序放在 W1～W3 左侧。

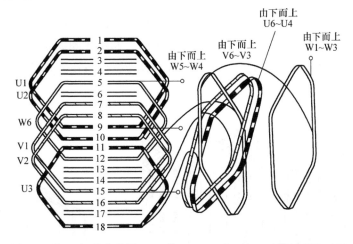

图 4-7 嵌 U 相的小线圈 U3，将 V3～V6 和 U4～U6 掏过 W5、W4

9. 嵌 W 相的两只大线圈 W5 和 W4

和线圈 U3 的下层边隔开 2 个槽，将 W 相的两只大线圈 W5 和 W4 的下层边分别嵌入 21 号槽和 22 号槽内，上层边分别嵌入 13 号槽和 14 号槽内，4 个槽都封上。之后可插入相间绝缘。

10. 后续嵌线

以后，按空 1 个槽，嵌 1 只小线圈，空 2 个槽，嵌 2 只大线圈的规律，依次将三相剩余的线圈嵌入槽中。

4.1.4 检查

按图 4-1 给出的平面展开图核对每一相各线圈的头尾方向及相互连接线（过桥线）是否正确。无误后，开始进行端部整形和整理 6 条引出线，以及端部绑扎等工作。

4.2 单层24槽4极同心式绕组边掏边下工艺

4.2.1 绕组参数和展开图

本电机定子铁心有 24 个槽，极数为 2 极，绕组形式为单层同心式，每一相绕组有两个极相组，每个极相组由大、小共 2 只线圈组成，则每一相绕组共有 4 只线圈。大线圈（每相编号为 2 和 3）的节距为 12 个槽（1—12），小线圈（每相编号为 1 和 4）的节距为 10 个槽（2—11）。并联支路数为 1（即一相串联）。展开图如图 4-8 所示。图中，用 3 种不同的线条区分三相绕组线圈；图上边给出的是每一相绕组线圈的序号，下面标出的是三相绕组的 6 个出线端标记，为了区分，这 6 个标记序号 1 和 2 用下标方式给出；采用右手端出线方式，在出线端，槽号排列顺序为从右向左，即在铁心内圆中为顺时针方向。

4.2.2 绕好的一相线圈排列情况

本电机一相连绕后绕好的 W 相线圈排列如图 4-9 所示。从图中可以看出，线圈的绕向一致，相邻的一只大线圈与一只小线圈为一个线圈组，两组线圈连接时一正一反，以保证 4 只线圈串联后，相邻的 4 个线圈边电流方向相同。这个操作将在嵌线过程中掏包时进行。其他两相与此相同。

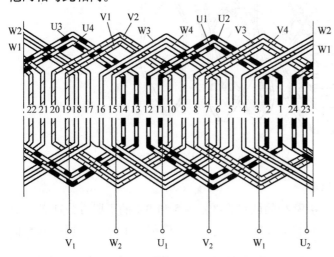

图 4-8 24 槽、2 极、一相串联单层同心式绕组展开图

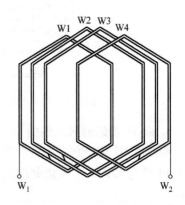

图 4-9 一相连绕后的 4 只线圈排列情况

4.2.3 各相绕组自身掏包

以 W 相为例，将 W 相的 4 只线圈中的 W1 ~ W3 掏过小线圈 W4，如图 4-10 所示。然后将小线圈 W4 平面旋转 180°（即两个直线边互换位置，后同），仍然放在线圈 W3 的左侧。

将 W1 和 W2 掏过大线圈 W3，如图 4-11 所示。然后将大线圈 W3 平面旋转 180°，仍然放在线圈 W2 的左侧。W 相自身掏包后 4 只线圈的排列和相互连线如图 4-12 所示。其他两相自身掏包的过程与此相同。

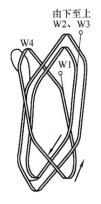

图 4-10　线圈 W1 ~ W3
掏过小线圈 W4

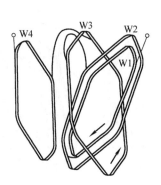

图 4-11　线圈 W1、W2
掏过大线圈 W3

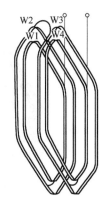

图 4-12　掏完线的 W
相 4 只线圈

4.2.4　嵌线过程

1. 嵌 U 相的 U1、U2 两只线圈和嵌 W 相线圈前的掏包

将 U 相的 U1、U2 两只线圈的下层边分别嵌入 11 号和 12 号槽中（U1 有引出线的线圈边先嵌入 11 号槽中），封槽。U1、U2 两只线圈的上层边应分别嵌入 1 号和 2 号槽中，但暂不嵌入（作为起把线圈），如图 4-13 的左侧部分所示。

之后，将 U 相的 U3、U4 两只线圈掏过 W 相的 W1 和 W2，如图 4-13 的右侧部分所示。掏好后，将 U3、U4 两只线圈放在 W3、W4 的左侧，为嵌 W 相的 W1、W2 做准备。

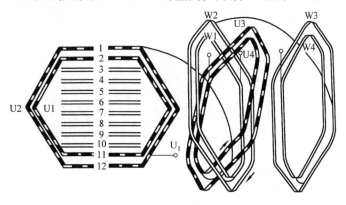

图 4-13　嵌 U 相的 U1、U2 两只线圈和嵌 W 相线圈前的掏包

2. 嵌 W 相的 W1、W2 两只线圈和嵌 V 相线圈前的掏包

空出 13 号和 14 号槽，将 W 相的 W1 和 W2 两只线圈的下层边分别嵌入 15 号和 16 号槽中（W1 有引出线的线圈边先嵌入 15 号槽中），封槽。W1 和 W2 的另外两个上层线圈边分别嵌入 5 号和 6 号槽中。

之后，将 U 相的 U3、U4 和 W 相的 W3、W4 共 4 只线圈一起掏过 V 相的 V1、V2，如图 4-14 的右侧部分所示。掏好后，将 U3、U4 及 W3、W4 放在 V3、V4 的左侧，为嵌 V 相的 V1、V2 做准备。

3. 嵌 V 相的 V1、V2 两只线圈和嵌 U 相线圈前的掏包

空出 17 号和 18 号槽，将 V 相的 V1 和 V2 两只线圈的下层边分别嵌入 19 号和 20 号槽

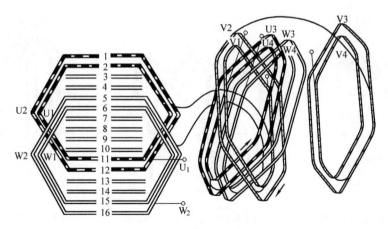

图 4-14　嵌 W 相的 W1、W2 两只线圈和嵌 V 相线圈前的掏包

中，两个上层线圈边分别嵌入 10 号和 9 号槽中（V1 有引出线的线圈边先嵌入 19 号槽中），封槽。插入相间绝缘。

之后，将 W 相的 W3、W4 和 V 相的 V3、V4 共 4 只线圈一起掏过 U 相的 U3、U4，如图 4-15 的右侧部分所示。掏好后，将 W3、W4 和 V3、V4 共 4 只线圈放在一旁，为嵌 U 相的 U3、U4 做准备。

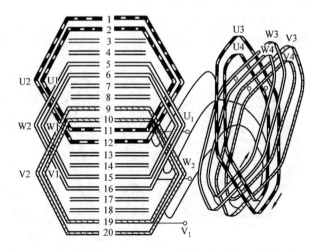

图 4-15　嵌 V 相的 V1、V2 两只线圈和嵌 U 相线圈前的掏包

4. 嵌 U 相的 U3、U4 两只线圈和嵌 V 相线圈前的掏包

空出 21 号和 22 号槽，将 U 相的 U3 和 U4 两只线圈的下层边分别嵌入 23 号和 24 号槽中，两个上层线圈边分别嵌入 14 号和 13 号槽中（U4 有引出线的线圈边先嵌入 23 号槽中），封槽。插入相间绝缘，如图 4-16 的左侧部分所示。

之后，将 V 相的 V3、V4 一起掏过 W 相的 W3、W4，如图 4-16 的右侧部分所示。掏好后，将 V3、V4 放在一旁，为嵌 W 相的 W3、W4 做准备。

5. 嵌 V 相的 V3、V4 两只线圈

将 V 相的 V3 和 V4 两只线圈的下层边分别嵌入 22 号和 21 号槽中，两个上层线圈边分别嵌入 7 号和 8 号槽中，封槽。插入相间绝缘。

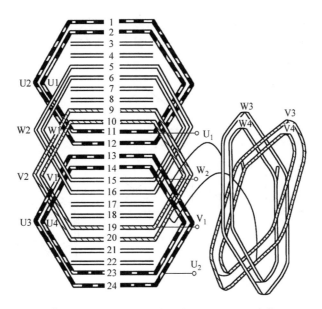

图4-16 嵌 U 相的 U3、U4 两只线圈和嵌 V 相线圈前的掏包

6. 嵌 U 相和 W 相的起把线圈

将 U 相的两只起把线圈 U1 和 U2 的上层边分别嵌入 1 号和 2 号槽中；W 相的两只起把线圈 W1 和 W2 的上层边分别嵌入 5 号和 6 号槽中。封槽，插入相间绝缘。

4.2.5 检查

按图4-8给出的平面展开图核对每一相各线圈的头、尾方向及相互连接线（过桥线）是否正确。无误后，本项嵌线工作结束。

之后进行端部整形和整理 6 条引出线，以及端部绑扎等工作。

4.3 单层24槽链式绕组先掏后下实例

4.3.1 说明和绕组展开图

1. 说明

本节介绍的是 24 槽单层链式先掏后下的工艺过程，以现场操作实例录像为依据，经过整理、配文字说明字幕等后期制作而成。图片和解说中，用黄、红、黑区分三相绕组（图中在线圈的两个端部显示，若本部分的黑白图显示不明显，可观看本书附录 7 给出的彩图）。另外，为了节省篇幅，将只给出图号，而不给出图名。

此小节中，按现场的习惯，将"掏"说成"穿"，"掏包"叫"穿线"。

2. 绕组展开图

本例的绕组展开图如图4-17所示（和第 3 章的图3-9 相同，此处再次给出是为了读者观看方便），从图中可以看出，一相绕组有 4 只匝数、长短和节距都完全相同的线圈，节距为 5 个槽（1—6），4 只线圈一路串联，相互之间的连接关系是"进线（头 1）、尾 1—尾 2、头2—头3、尾3—尾4、出线（头4）"，其中的数字1、2、3、4表示线圈的序号。记住此规律是穿线过程和嵌线过程中操作和检查一只线圈头尾所在位置以及各只线圈之间头尾连接关系是否正确的关键依据。

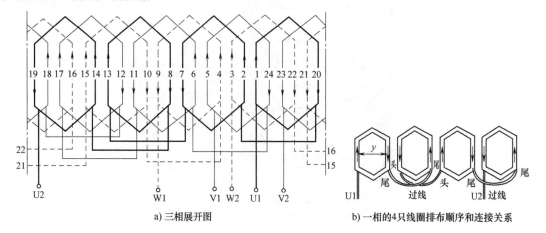

a) 三相展开图　　　　　　　　b) 一相的4只线圈排布顺序和连接关系

图4-17　单层24槽4极1路链式绕组展开图

4.3.2　嵌线前的掏包过程

1. 掏包原则

在掏包过程中应按如下原则：

在一相的4只线圈中，掏完后的过桥线为"一正一反"，即穿线时需要"一上一下"依次排列。为此，在一相的4只线圈中，若第1只线圈的出线端在左手边（线端朝外，请注意，这一方向与图4-17b所示方向是相反的，所以后边将要说的线圈绕向也是和图4-17b所示方向相反的。后同），绕向是逆时针方向（俯瞰线圈平面而言，后同）；第2只线圈的绕向则应是顺时针方向；第3只线圈的绕向和第1只线圈相同，是逆时针方向；第4只线圈的绕向和第2只线圈相同，是顺时针方向。这样就达到了"一正一反"。也是要把绕线时形成的4只线圈绕向一致的线圈平面，通过对其奇数序号（1和3）或偶数序号（2和4）进行平面翻转180°的原因。最终形成图4-17b的连接关系，确保同一相相邻的线圈边在通电时的电流方向相同。"一上一下"是说相邻两只线圈之间的过桥线出线位置，从出线端看，一处都在线圈的上面，下一处在线圈的下面。

2. 掏包过程

1）将绕好的三相绕组用黄、红、黑区分三相（每一相共4只线圈，依次相连，摞在一起）依次摆放在工作台上，如图4-18所示。在以下的讲述中，以黄色标签的一相为例，对每相的4只线圈从上到下排列为黄1（有一端为出线）、黄2、黄3、黄4（有一端为出线）。

2）将黄1从该组中拿出，并使其和未动的线圈连线在两者之间（后同），然后平面翻转180°，使其与黄2的连线（过桥线）在它们的左侧，靠近操作者平放在桌子上，如图4-19所示。

3）取下红1和黑1，拿在左手上，其出线端朝外（远离操作人员的方向，反之称为朝内），如图4-20所示。

图　4-18

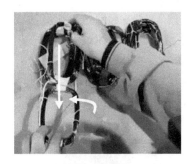

图　4-19

4）红1的过桥线在右侧，黑1的过桥线在左侧，将这两只线圈交到右手拿住，然后左手去拿在原处的3只黄线圈，分别如图4-21～图4-23所示。

图　4-20

图　4-21

图　4-22

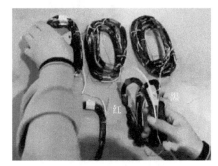

图　4-23

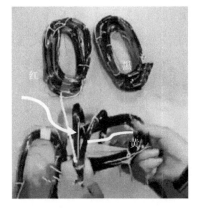

图　4-24

图　4-25

5）将黄 2~4 一起穿过红 1 和黑 1 后，注意将这 3 只线圈两端颠倒，使连线一端朝外。之后，取下红 1 并将其和黄 1 摞在一起，取下黄 3 和黄 4 并将其放在一旁，分别如图 4-24~图 4-26 所示。

6）拿起红 2~4 一起穿过黑 1 和黄 1 后，注意将这 3 只线圈两端颠倒，使连线一端朝外。之后，取下黑 1 并将其和红 1 黄 1 摞在一起，取下红 3 和红 4 并将其放在一旁，分别如图 4-27~图 4-29 所示。

图　4-26

图　4-27

图　4-28

图　4-29

7）拿起黑 2~4 一起穿过黄 2 和红 2。之后，取下黄 2 和前面的黄 1、红 1、黑 1 摞在一起。取下黑 3 和黑 4 并将其放在一旁，分别如图 4-30~图 4-32 所示。

图　4-30

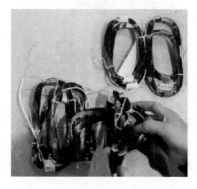

图　4-31

8）以后的过程与前面讲述的基本相同，如图4-33～图4-47所示。图4-48为掏完后的三相绕组交叉排列成的一排。

对于初学者，可能对自己的操作过程不放心，此时可将这一排线圈朝右铺开，使每两只线圈边之间都留出一点间隙，这就成为一幅真实的"三相单层链式绕组展开图"。将这个真实的展开图和图样中给出的电路展开图（见图4-17）相对比，看看每相的4只线圈排列顺序和相互之间的连线（过桥线）是否正确。若发现不正确，则可通过换位和翻转进行纠正。

图 4-32

图 4-33

图 4-34

图 4-35

图 4-36

图 4-37

图 4-38

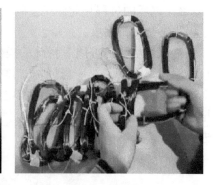

图 4-39　　　　　　　　　　图 4-40　　　　　　　　　　图 4-41

图 4-42　　　　　　　　　　图 4-43　　　　　　　　　　图 4-44

图 4-45　　　　　　　　　　　　　　图 4-46

图 4-47　　　　　　　　　　　　图 4-48

4.3.3 嵌线过程

1. 说明

下面讲述的嵌线过程为出线端在左侧的嵌线方法。此时，若要给定子铁心槽编号，则在出线端为逆时针方向逐渐增大。这一点与第3章图3-10给出的同一种形式的绕组刚好相反，但实际上嵌线是相同的。

对于按上述过程将三相绕组线圈掏包后，按顺序排列的12只线圈而言，嵌线的过程和规律与第3章3.5.3节讲述的同一种形式绕组的单只线圈嵌线完全相同，即嵌线规律为"起把线圈3个；隔1个槽嵌1个槽"。只是在这里因一相的4只线圈之间相互连接，需要注意连接的方向不要搞错；三相之间连线相互交叉穿越，"你中有我、我中有你"，切勿"你我不分"。

还有，这里没将三相绕组以U、V、W命名，而是称其为"第一相""第二相"和"第三相"。实际上这样的称呼也是现场操作人员常用的。标出三相绕组的6个线端标记是在端部绑扎和引出线时根据图样中对相序的要求来进行。

2. 嵌线过程

刚刚说明中提到，将掏好后的三相绕组线圈顺序排列后的嵌线过程和规律与第3章

图 4-49

3.5.3节讲述的同一种形式绕组的单只线圈嵌线完全相同，似乎就没有必要再重复介绍嵌线过程了。但考虑到有些读者几乎是初学者，没有多少实践经验，并且本书在3.5.3节中并没有过细地进行讲解，所以本节还是从头到尾介绍一遍，让大家更直观地看看现场实操的情况。

1）嵌第一相的第一只线圈。将上述掏好后的三相绕组线圈经检查无误后，顺序排列在嵌线工作台上。所用铁心装好槽绝缘。确定第一个嵌线槽后，开始嵌第一相的第一只线圈下层边，其上层边为第一个起把线圈边，在其下放一张垫纸，以防止被铁心磕破漆层。调整好线圈的轴向位置后，在其下层边的槽口插入槽盖纸，并插入槽楔封槽，如图4-49~图4-51所示。

图 4-50

图 4-51

2）嵌第二相的第一只线圈。向后退，空一个槽，嵌第二相的第一只线圈的下层边，并

将该边封槽。上层边作为第二只起把线圈边，如图 4-52 和图 4-53 所示。

图 4-52

图 4-53

3）嵌第三相的第一只线圈。再向后退，空一个槽，嵌第三相的第一只线圈的下层边，并将该边封槽。上层边嵌入第一相第一只线圈下层边所占槽的前一个槽中，也进行封槽，如图 4-54 ~ 图 4-56 所示。

图 4-54

图 4-55

4）嵌第一相的第二只线圈。再向后退，空一个槽，嵌第一相的第二只线圈的下层边，并将该边封槽。上层边嵌入第二相第一只线圈下层边所占槽的前一个槽中，也进行封槽，如图 4-57 ~ 图 4-59 所示。

图 4-56

图 4-57

图　4-58

图　4-59

5）嵌第二相的第二只线圈。再向后退，空一个槽，嵌第二相的第二只线圈的下层边，并将该边封槽。上层边嵌入第三相第一只线圈下层边所占槽的前一个槽中，也进行封槽，如图4-60所示。

6）嵌第三相的第二只线圈。用上述同样的方法嵌第三相的第二只线圈的上下层边并封槽，如图 4-61 和图4-62所示。

7）嵌剩余的线圈。用上述同样的方法，即按"空一个槽、嵌一个上层边"的规律，嵌完三相剩余的 6 只线圈并封槽，如图 4-63 所示。之后对端部进行整形和插入相间绝缘，整理好6 条引出线并套上一段绝缘套管，准备连接外引导线，如图4-64 所示。

图　4-60

图　4-61

图　4-62

在上述过程中，要随时注意每一相4 只线圈的连接情况及三相的位置是否与展开图完全相符，通过"翻把"和"掏把"的方法调换头尾端及线圈之间的排列顺序。嵌线过程中，可随时对端部进行整形。

图　4-63　　　　　　　　　　　　　　　图　4-64

4.4　单层 36 槽交叉链式绕组先掏后下实例

4.4.1　说明和绕组展开图

1. 说明

本节介绍的是 36 槽单层交叉链式绕组先掏后下的工艺过程，有关说明同 4.2.1 节。

2. 绕组展开图

本例的绕组展开图如图 4-65 所示（同第 3 章的图 3-11），从图中可以看出，槽数 $Z_1 =$ 36；极数为 4（$p=2$）；一相绕组有 6 只线圈，其中，大线圈节距 $y_1 =8$，小线圈节距 $y_2 =7$；支路数 $a=1$（一路串联）；每极每相槽数 $q=3$。图中的粗实线是一相串联的绕组，用箭头标出了电流方向，这是绕线、掏包和嵌线时确定线圈之间的排列和连线关系的依据。

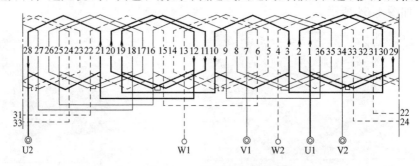

图 4-65　36 槽 4 极 1 路串联交叉链式绕组展开图

4.4.2　嵌线前的掏包过程

1）将绕好的三相绕组用黄、黑、红区分三相（每一相共 6 只线圈，依次相连，摞在一起，从上到下大小线圈的顺序是：小 1、大 1、大 2、小 2、大 3、大 4）依次摆放在工作台上，如图 4-66 所示。在以下的讲述中，以黄色标签的一相为例，对每相的 6 只线圈从上到下排列为黄 1（有一端为出线）、黄 2、黄 3、黄 4、黄 5、黄 6（有一端为出线）。

2）将黄 1 从该组中拿出，并使其和未动的线圈连线在两者之间（后同），然后平面翻转180°，使其与黄2的连线（过桥线）在它们的左侧，靠近操作者平放在桌子上。然后，取下黑1、黑2和红1共3只线圈，拿在左手上，其出线端朝外（远离操作人员的方向，反之称为朝内），如图4-67所示。

3）将黑1、黑2和红1交到右手，左手拿起剩余的5只黄色线圈，穿过上述黑1、黑2和红1，如图4-68所示。

图 4-66　　　　　　　　　图 4-67　　　　　　　　　图 4-68

4）将黑1、黑2拿出，和黄1摞在一起。然后将黄4~黄6放在远处。再拿起剩余的黑色线圈，穿过红1、红2和黄2。上述过程如图4-69~图4-71所示。

图 4-69　　　　　　　　　图 4-70　　　　　　　　　图 4-71

5）将红1拿出，和近处左手边的线圈摞在一起。然后将黑4~黑6放在远处。再拿起剩余的5只红色线圈，穿过左手拿着的3只线圈，之后将左手中的两只黄色线圈放在近处左侧，红4~红6放在远处右侧。上述过程如图4-72~图4-74所示。

6）拿起剩余的3只黄色线圈，穿过左手拿着的3只线圈，之后将左手中的黑色线圈放在近处左侧，黄4~黄6放在远处右侧。接着拿起剩余的3只黑色线圈，穿过左手拿着的3只线圈，上述过程如图4-75~图4-77所示。

图 4-72

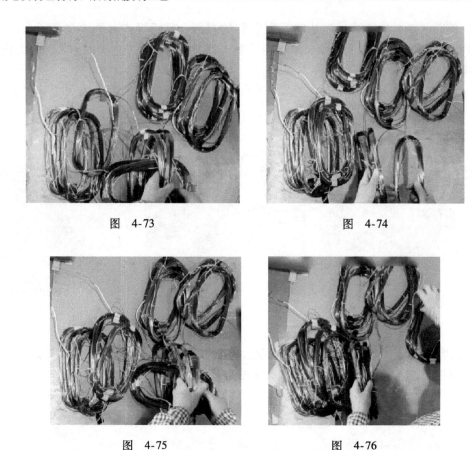

图 4-73 图 4-74

图 4-75 图 4-76

7）将左手中的两只红色线圈放在近处左侧，黑 5 放在远处右侧。接着拿起剩余的红色线圈，穿过左手拿着的 3 只线圈。随后，将左手中的 1 只黄色线圈放在近处左侧，两只红色线圈放在远处右侧。将左手中的红色线圈平面翻转 180°之后再交到左手中。上述过程如图 4-78 ~ 图 4-80 所示。

图 4-77

图 4-78

8）拿起剩余的 2 只黄色线圈，穿过左手拿着的 3 只线圈，之后将左手中的 2 只黑色线圈放在近处左侧。接着拿起剩余的 1 只黑色线圈，穿过左手拿着的 3 只线圈。上述过程如

图 4-81 ~ 图 4-83 所示。

图　4-79

图　4-80

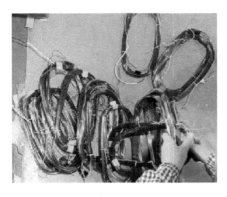

图　4-81

图　4-82

9）将左手中的 1 只红色线圈放在近处左侧。接着将左手中的黑色线圈平面翻转 180°之后再交到左手中。拿起剩余的红色线圈，穿过左手拿着的 3 只线圈。上述过程如图 4-84 ~ 图 4-86 所示。

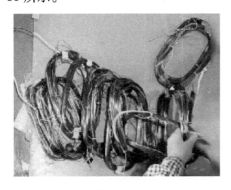

图　4-83

图　4-84

10）将左手中的 2 只红色线圈与左手中的线圈合并，整理后再与左边的所有线圈排列在一起，如图 4-87 所示。整理好 6 个出线端导线，将线圈朝右方向摊开，使相邻线圈边留有一定间隙，如图 4-88 所示。然后参照展开图检查各相线圈之间的连线（过桥线）方向和排列顺序，以及三相之间的排列顺序，全部符合要求后，掏包过程结束。

图 4-85

图 4-86

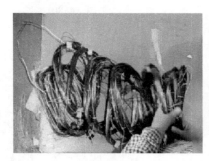

图 4-87

4.4.3 嵌线过程

嵌线过程与第 3 章 3.5.4 节基本相同。此处的说明与前面 4.3.1 节相同，也是出线端在左手边。

将掏好的三相绕组按图 4-88 所示的方向和顺序铺开，从右到左，按红、黄、黑间隔排列，放在铁心左手边（即绕组出线端）。

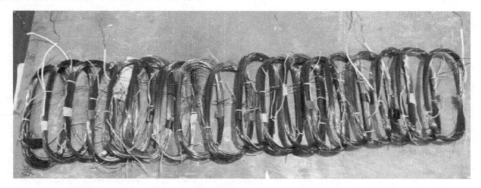
图 4-88

1）嵌第一相的两只大线圈。插好槽绝缘纸，选好第一个槽，插引槽纸，嵌第一相（红色标志）的第一只大线圈的下层边（图中字幕为"双层的下层边"）。在上层边下放起把线圈垫纸。接着后退 1 个槽，嵌入同一相的第二只大线圈的下层边。之后，在这两个嵌入线圈边的槽内插入槽盖纸，用槽楔封槽。两个上层边都暂不嵌入，即作为起把线圈边。上述过程如图4-89~图4-91所示。

图 4-89

图 4-90

2）嵌第二相的第一只小线圈。向后退，空1个槽，嵌第二相（黑色标志）的第一只小线圈的下层边（图中字幕为"单圈的下层边"）。插槽盖纸，用槽楔封槽，其上层边都暂不嵌入，即作为第3只起把线圈边。上述过程如图4-92~图4-94所示。

图 4-91

图 4-92

图 4-93

图 4-94

3）嵌第三相的两只大线圈。向后退，空 2 个槽，依次嵌第三相（黄色标志）的第一只和第二只大线圈的下层边（图中字幕为"双圈的下层边"）。插槽盖纸，用槽楔封槽，其上层边嵌入第一相大线圈下层边的前两个槽中。通过垫打板敲击已嵌入并封好槽的线圈端部，进行整形，并给后续上层边的嵌线留出空间。上述过程如图 4-95 ~ 图 4-100 所示。

图 4-95

图 4-96

图 4-97

图 4-98

图 4-99

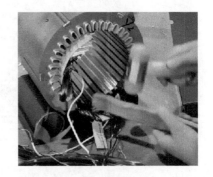

图 4-100

4）嵌第一相的第一只小线圈。向后退，空 1 个槽，嵌第一相（红色标志）的第一只小线圈的下层边（图中字幕为"单圈的下层边"），其上层边嵌入该相已嵌入的第二只大线圈后边的槽内（即两个边相邻）。插槽盖纸，用槽楔封槽。上述过程如图 4-101 ~ 图 4-103 所示。

5）嵌第二相的两只大线圈。向后退，空 2 个槽，依次嵌第二相（黑色标志）的两只大线圈的下层边（图中字幕为"双圈的下层边"）。其上层边分别嵌入往前数的 8 号和 7 号两个空槽中（即节距均为 8 个槽）。插槽盖纸，用槽楔封槽。上述过程如图 4-104 和图 4-105 所示。

图　4-101

图　4-102

图　4-103

图　4-104

图　4-105

6）剩余嵌线过程。剩余线圈的嵌线、封槽过程以此类推，到最后翻把、落把，整理过线和引出线，嵌线过程结束，如图 4-106 所示。规律是：空 1 个槽，嵌 1 只小线圈；空 2 个槽，嵌 2 只大线圈。可简记为"空一下单；空二下双"。

图　4-106

第5章

定子散嵌软绕组的端部整形和绑扎

5.1　端部整形

端部整形的目的是使端部导线顺直、相互贴紧、外形圆整、内圆直径大于铁心内径、外圆直径小于铁心外径、外形形状一致。

在第3章中曾经讲到，在嵌线过程中就不断地对绕组端部进行整形，特别是双层叠式绕组，在嵌线完成后，其端部形状已基本成形，后期的整形工作量就很小了。

需要进行端部整形的，可采用如下方法。

5.1.1　手工操作专用整形胎整形法

用于手工整形专用整形胎的形状如图5-1a所示，可用木头加工成型，也可用铸铝的方法制作。如图5-1b所示，使用时，先将要整形的定子竖直放置在一个可以旋转的专用工装上，将整形胎放入定子绕组上端部内圆中，用橡皮榔头向下敲打其手柄顶部，使其与绕组端部紧密相贴。然后，用一只手握住其手柄并保持向下施加一定的压力，同时使整个定子缓慢旋转，另一只手拿着一个木质的打板从侧面敲打绕组端部外圆，直到端部形状合适为止。

当绕组端部内圆整齐度较差时，可用榔头通过垫打板敲击进行整形，如图5-1c所示。

在上述敲打过程中，应注意不要用力过猛，以免对导线绝缘层造成损伤，特别是用榔头通过垫打板敲打端部内圆时，还要注意避免将线圈在铁心槽口位置的槽绝缘纸压破，造成此处绕组对铁心短路或形成潜在的短路隐患。

a) 手工操作用整形胎

b) 用整形胎对端部整形

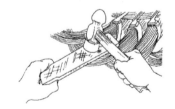
c) 通过垫打板对端部内圆进行整形

图5-1　手工操作用定子绕组端部专用整形胎和操作现场

5.1.2　利用压力机和专用整形胎整形法

图5-2是利用压力机（一般为油压机）对定子绕组端部进行整形的专用整形胎，由上、下两个组成一套，其各自的凹槽深度、内圆和外圆直径、斜度等尺寸均按需要整形的绕组端

部尺寸确定,用于出线端的那个凹槽较深,用尼龙或其他塑料加工制作。使用时,可一次将定子端部的内、外圆都整形成需要的形状,所以定子端部外观的一致性好,适用于大批量生产。

图5-2　用压力机对定子绕组端部进行整形的专用整形胎

5.2　绕组端部绑扎方法和要求

5.2.1　绕组端部绑扎的目的和所用材料及工具

1. 对绕组端部进行绑扎的目的

对绕组端部进行绑扎最直观的目的是将松散的端部导线以及出线端的连线和引出线固定起来,使其成为一个整体。这样,一方面是外形整齐,但更重要的是用过浸漆固化后,可避免在通电运行时,因可活动的导线由于电磁力的作用而产生抖动摩擦,时间长久后就会造成绝缘完全破坏而短路击穿;另外,还可减少积尘以及增加散热能力。其他目的将在介绍具体方法时再说明。

2. 绑扎用材料和工具

根据绑扎的要求不同,定子绕组端部绑扎用材料有所区别,用于简单绑扎的有细线绳或尼龙绳;用于半包扎或全包扎的,一般用称为"白布带"的材料(见图1-12)。

绑扎用工具有穿针和普通剪刀,如图5-3所示。其中,图5-3a所示的穿针用具有一定弹性的黄铜丝弯成,尾端焊在一起,靠近头端的位置留一段不焊,用于夹住绑扎带的带头;图5-3b所示的穿针用黄铜片或不锈钢片磨制成型,整体要光滑,针尖为小圆弧形,其尾端打一个孔(针鼻),用于穿过绑扎带,固定绑扎带头的方法如图5-3b所示;普通剪刀(见图5-3c)则用来剪断绑扎带或绑扎绳。

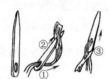

a) 黄铜丝穿针　　　　b) 钢或铜片穿针及穿布带的方法　　　　c) 普通剪刀

图5-3　用于绑扎绕组端部的工具

5.2.2 绕组端部绑扎方法的分类和通用要求

1. 定子绕组端部绑扎方法分类和通用要求

定子绕组端部绑扎方法的类型名称是根据其绑扎后的外观效果而给出的，常见的类型大致有花篮绑扎（含单线绑扎）、半包扎（简称半包）和全包扎（简称全包）三种，实物如图 5-4 所示。

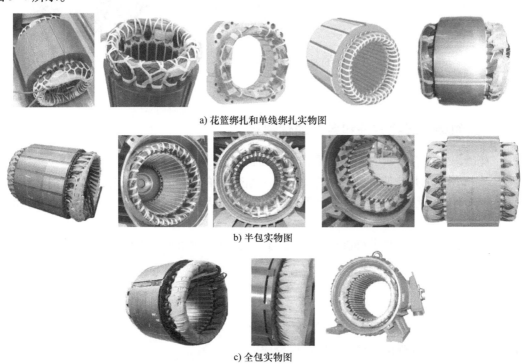

a) 花篮绑扎和单线绑扎实物图

b) 半包实物图

c) 全包实物图

图 5-4 几种常用的定子绕组端部包（绑）扎方法实物图

2. 定子绕组端部绑扎通用要求

不论是哪种方法，在绑扎前都要将绕组线圈之间的连线连接点做好绝缘处理，连线和引出线可放在绕组端部的外侧（在不会影响端部外圆最大允许直径的情况下应用）或顶端（常用），尽可能排列整齐顺直，不折弯、不相互交叉；6 条引出线应按头尾各居一侧，并尽可能按相序错开一定距离，用绑扎绳进行固定，如图 5-5 所示。

在绑扎时，要做到如下几点：

1）要注意防止相间绝缘移位，必要时可让绑绳或布带穿过相间绝缘。

图 5-5 绕组连线和引出线的绑扎

2）在绑扎过程中，随时注意保持绕组端部整形后的形状，特别是避免局部鼓包或扭曲。

3）勒紧力要适当，不要用力过猛，以免损伤导线的外层绝缘。

4）绑扎间隔均匀、整齐一致、外形美观。

5）若需要在绕组端部埋置测量其温度的热传感器（热敏电阻、热电阻或热电偶等）和放置防潮加热带（见图5-6），则应按工艺文件的规定事先放置好，并和绕组绑扎在一起。

防潮加热带

a) 低压防潮加热带   b) 高压防潮加热带   c) 防潮加热带安放位置

图5-6 防潮加热带

5.2.3 绕组端部绑扎方法和各自的优缺点

1. 花篮绑扎（含单线绑扎）的操作方法和优缺点

图5-4a所示的是花篮绑扎（含单线绑扎）完成后的实物图。其中前4个是用自动绑扎机完成的，主要适用于较小的电机定子；最后一个是人工完成的。图5-7是单线绑扎的现场图。

对于人工操作的，要求绑扎时用力适当，既能绑紧，又不可使端部变形；绑扎带（绳）之间的间距应尽可能相同，可以一槽一绑，对于槽数比较多的电机，可以两槽一绑。

这种绑扎工艺的优点是，可实现机械自动化（较小电机）、节省材料和工时；另外，在浸漆时，漆液可尽快地浸入绕组内部。

缺点是，在后期生产过程中，特别是搬运过程中，容易造成对绕组端部的磕碰，使绝缘受到损伤；另外，在电机使用过程中，容易吸附灰尘和其他微粒物质，使绕组端部绝缘降低、散热能力下降，严重时会造成绝缘失效而击穿。

图5-7 人工进行定子绕组端部单线绑扎现场图

2. 半包法的操作方法和优缺点

半包法是用白布带隔两个或一个槽打一个扣进行绑扎，如图5-4b给出的实物图所示。其实，这种方法与前面介绍的单线绑扎法没有本质上的区别，只是所用绑扎材料用了布带，将"绑"改叫"包"了。

半包法的优缺点介于单线绑扎法和全包法之间。

3. 全包法的操作方法和优缺点

全包法是用白布带一槽一槽地连续包扎的方法，包扎后的实物如图5-4c所示。对一般电动机，包扎的方法如图5-8a所示，注意布带在绕组端面处要展开成最宽尺寸，相邻布带可以有一些重叠。对于某些端部较长的电动机（一般为两极电动机），则要先在端部的根部沿圆周方向绕扎2~3层白布带，将绑扎带穿过该带的下部进行包扎，如图5-8b所示。

图5-8c是全包法的现场操作图。

全包法的优缺点几乎和前面介绍的花篮绑扎（含单线绑扎）法相反，即：

优点是，可在很大程度上保护绕组端部，免遭磕碰时产生的有害损伤；在使用过程中，可在很大程度上避免灰尘和其他微粒物质在绕组端部的积存和直接接触导线，从而加强了绕组的防护能力，使绝缘寿命得到保障。

缺点是，绑扎用料和操作工时较多；浸漆时用的漆液也相对较多，并且浸漆和烘干过程用时较长；端部散热能力略有下降。还有一个不常出现的缺点是，当后续工序过程中检查到绕组接线有错误时，查找错点不如前面的绑扎方法方便，特别是在浸漆后更加困难。

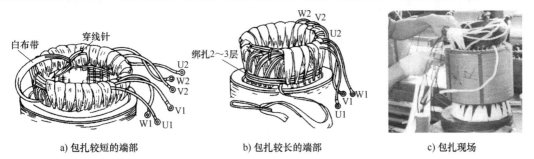

a) 包扎较短的端部　　　　　　b) 包扎较长的端部　　　　　　c) 包扎现场

图5-8　人工进行定子绕组端部全包

5.2.4　绕组端部绑扎后的检查

检查项目和方法如下。

1. 外观和外形尺寸

通过观察和手压等感官方式，检查端部是否圆整、有无导线突出的现象、绑扎是否牢固、绑扎绳（带）是否有断开或部分断开的问题。应针对存在的问题妥善处理。

用游标卡尺或钢板尺测量绕组端部的最小内圆直径和最大外圆直径以及最大轴向长度，测量值应符合产品图样的要求，例如图5-9所示的端部的最小内圆直径为134mm、最大外圆直径为180mm、最大轴向长度为45mm（出线端）和35mm（非出线端）。

在批量生产中，可用如图5-10所示的按被检定子端部尺寸自制的专用卡板进行检查，该卡板用料为10mm厚的环氧玻璃布板、硬塑料板或木板。用该卡板可一次性地检查上述3个尺寸是否符合要求。

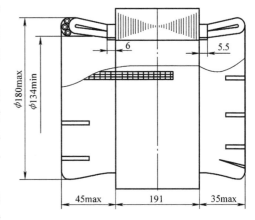

图5-9　带绕组定子铁心尺寸图

若发现尺寸不符合要求，应通过再次整形和局部甚至全部重新绑扎。直至达到要求，方可转入到后面的工序。

2. 电气性能检查

电气性能检查包括测量绕组的直流电阻、测量绕组对铁心以及各相绕组之间（对多极多套绕组，还包括各套绕组之间）的绝缘电阻、绕组匝间耐冲击电压能力试验、绕组对铁心以及各相绕组之间（对多极多套绕组，还包括各套绕组之间）的耐交流电压试验，有些单位还进行三相电流平衡情况试验。对在绕组中埋置了测量其温度的热传感器（热敏电阻、热电阻或热电偶等）和放置了防潮加热带的，还要同时对这些元器件自身的直流电阻进行测量，以及这些元器件与铁心和对绕组之间的绝缘电阻进行测量和耐电压试验。

这些检查和试验项目所使用的设备、仪器仪表以及具体操作方法和相关标准将在第9章中详细介绍。

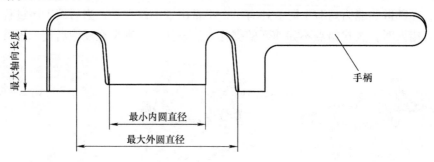

图 5-10 检查绕组端部尺寸的专用卡板

第6章
定子成型绕组的嵌线工艺

6.1 成型绕组的分类

中大型电机一般采用成型绕组，按绕组的制造工艺和所用绝缘层材料来分类，目前成型绕组有模压硬组和少胶半硬绕组两类（见图2-20）。

由于少胶半硬绕组生产设备相对简单、制作容易、成本较低，同时在嵌线过程中的翻把、落把过程中不像模压绕组那样困难（需要对线圈加热，使其软化），所以应用越来越广泛。

6.2 成型绕组的嵌线工艺过程

以6kV级高压电动机少胶绕组（以下称其为线圈）为例，进行介绍。

一般情况下，使用成型线圈的电动机绕组都是双层叠式。图6-1是6kV级少胶线圈及其线圈边在槽内的绝缘结构，定子槽为开口槽。

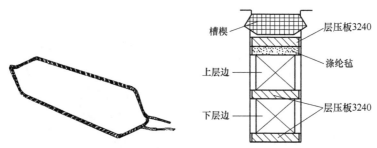

图6-1 6kV级少胶线圈及其线圈边在槽内的绝缘结构

中大型电机成型绕组嵌线工作一般要两个人甚至多人合作进行，其工艺过程如下：

1）分别在铁心两端压圈专用固定螺钉孔中旋入3~4根螺栓，螺栓的长度应不短于线圈端部长度。将包好绝缘的端箍（内芯为圆钢Q235-A，绝缘工艺视线圈的电压等级而定，例如6kV级少胶线圈：内用0.13×25-9547-1D中胶云母带，1/2叠包5~6层；外层用0.1×25聚酯纤维带1/2叠包1层）用绳绑在螺栓上。放入一只线圈（两条直线边均放入槽内），调整好轴向位置，使两端伸出铁心的长度相同。调整端箍的轴向位置，使其在线圈端部靠外端1/3或端部中间靠外的地方。固定位置的原则是使绕组端部的喇叭口符合要求。上述调整完成后，将端箍绑紧在螺栓上。

2）为了嵌线更顺利，最好事先将线圈放入烘箱中进行预热15~20min，温度控制在80~90℃之间，使线圈变得较软。嵌线过程中，随用随取。

3）由于是单只线圈，所以起始线圈可从任意位置的槽开始。放入槽底绝缘板（3240层压板），将第一只线圈的下层边放入一个槽中，可用橡皮或塑料锤轻轻敲击帮助嵌入槽内（严禁使用铁锤），上层边浮搁在应嵌入的槽中。线圈轴向位置调整好后，用涤玻绳将其下层边绑在端箍上，绑的方法如图6-2所示。

4）连续嵌到节距数时，放入层间垫条，将线圈的上层边嵌入，敲紧，放入涤纶毡（聚酯毡）和层压板，打入槽楔（应有一定紧度，如松动，应添加垫片。本过程可在嵌线全部完成后统一进行）。之后依次嵌入其余的线圈。直至需要"吊把"时为止。

5）在上述嵌线过程中，每嵌一只线圈，都要对其进行绑扎，若两只线圈边之间使用涤纶毡垫片，则垫片厚度和片数按线圈之间的间隙确定。

6）嵌"吊把"线圈前，应将整个定子放入烘箱中，在 $80 \sim 90℃$ 之间的温度中放置3h左右，使线圈变得较软后，将"起把"线圈撩起（见图6-3），将"吊把"线圈依次嵌入。

7）修整线圈端部形状和槽楔位置，清理残存的杂物。检查线圈有无松动和损伤，有则进行有效的处理。拆除绑扎端箍的辅助螺栓。

嵌线完成后的定子如图6-4所示。

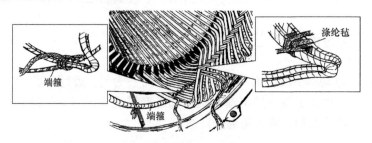

图6-2　端部绑扎示意图

图6-3　将"起把"线圈撩起的现场图

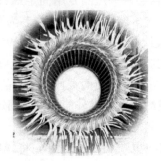

图6-4　少胶线圈嵌线后的实物

6.3 嵌线后接线前的检查和试验

对于成型绕组，为了避免接线后发现问题时给处理造成较大的困难，在嵌线后接线前应进行一些必要的检查，其中包括绕组匝间耐电压试验、对铁心的绝缘电阻测量及耐交流电压试验。

匝间耐电压试验应该分别对每个线圈进行；绝缘电阻测量和耐电压试验应用导线将线圈按图样规定临时连成各相后进行。试验电压值可在成品试验值的基础上适当降低，但一般不低于成品试验值的85%。

6.4 端部接线工艺

由于成型绕组是单个绝缘线圈，所以接线工作量相对较大。一般采用气焊的方法，如图6-5所示。首先将每一个极相组的线圈连接在一起，根据具体要求，可连接成过桥式或并接式，焊接后按要求包绕绝缘并进行形状整理。图6-6是采用并接方式焊接包扎绝缘后，用钳子将其扳弯贴在绕组端部的操作图。

每相各极相组之间的连接应使用与绕组相同的导线和绝缘；引出线应使用规定截面积和电压等级的电缆。均采用气焊法。应牢固绑扎在绕组端部（可使用与端箍同材料和绝缘的辅助环）。图6-7是一台高压电动机的端部接线和绑扎完工后的实例。

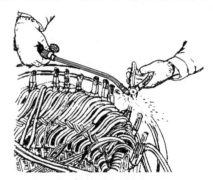

图6-5 成型绕组端部连线气焊操作图

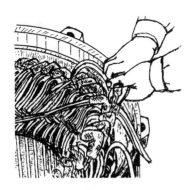

图6-6 线端并接后用钳子扳弯贴在端部

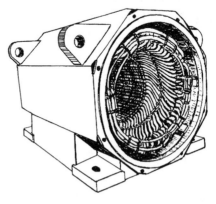

图6-7 电动机端部接线和绑扎完工后的实例

第7章

绕线转子异步电动机转子硬绕组的制作、嵌线、接线和绑扎

7.1 绕线转子异步电动机转子绕组的类型

7.1.1 绕线转子的类型

绕线转子异步电动机转子绕组大体上可分三大类，一类是双层叠式短距散嵌软绕组，用于较小容量的电动机，采用圆漆包线；第二类是采用漆包或涤包、丝包等扁铜线制成的少胶成型线圈，用于中等容量的电动机；第三类是采用包绕两层绝缘的扁铜排，边嵌线边加工，最后通过焊接形成一个个完整的线圈，主要用在较大容量的电动机上。前两种线圈的制作、嵌线及接线工艺与前面讲过的普通电动机定子同类绕组基本相同；第三种则有其很多的独特之处，是本章将要介绍的内容。

7.1.2 波形绕组的类型和参数

1. 波形绕组的类型

波形绕组（简称为波绕组）的命名是因为一相绕组一路串联线圈的展开图犹如一排有起有伏的波浪，如图7-1a所示。

当一相绕组的第一条边所占槽确定以后，如绕转子一周后，再开始的第一条边在上述第一条边的左边（以前进方向而言，相对于在上述第一条边的后边），则称为后退型，如图7-1b所示，也称为短距型。应用较多。

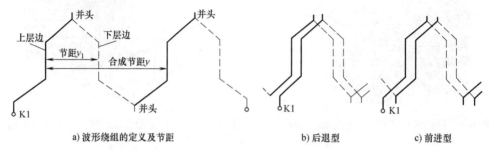

a) 波形绕组的定义及节距　　　　　b) 后退型　　　　　c) 前进型

图7-1　绕线转子波形绕组的形式和节距定义

当一相绕组的第一条边所占槽确定以后，如绕转子一周后，再开始的第一条边在上述第一条边的右边（以前进方向而言，相对于在上述第一条边的前边），则称为前进型，或称为

长距型，如图 7-1c 所示。

三相绕组一般为星形联结。根据 3 条引出线和 3 条封零线所处的位置，分一端接线型（引出线和封零线都在转子集电环一端，见图 7-2a）和两端接线型（三相引出接线在转子集电环一端，三相封零点端在另一端，见图 7-2b）。

2. 绕线转子波形绕组的参数和展开图

绕线转子波形绕组的参数与定子绕组有些不同，下面介绍其主要部分。

1）合成节距。波形绕组有一个与普通绕组线圈完全不同定义的节距，即合成节距，它是一相绕组中相对应边间的距离（槽数），如图 7-1a 所示的 y。实际上，它即为 2 个极距（两端接线者有所不同），即 $y = 2$，$\tau = Z_2/p$（τ 为转子极距，Z_2 为转子的槽数，p 为电动机的极对数）。

2）对边节距。该节距为一相绕组两个相对边之间的距离（槽数），如图 7-1a 所示的 y_1，一般情况下，$y_1 \leq \tau$。

3）一端接线绕组的节距。对边节距 y_1 一般小于 τ，即短距。

4）两端接线绕组的节距。这种绕组有两个不等的 y_1，我们把其中较长的用 y_1 表示，较短的用 y_1' 来表示。一般情况下，$y_1 = \tau$，即等距，而 $y_1' = y_1 - 1$。由 y_1' 形成的合成节距 y 则小于 2τ。每一相中有一条跳层线（一条线圈边的一半在槽的上层，另一半在槽的下层，空着的两个半层槽用木条填充）。

5）两端接线形式的，一般均为一路串联；一端接线形式的，可视情况设计为一路串联或多路并联接线。

6）绕线转子绕组的相数和极数必须与定子相同。

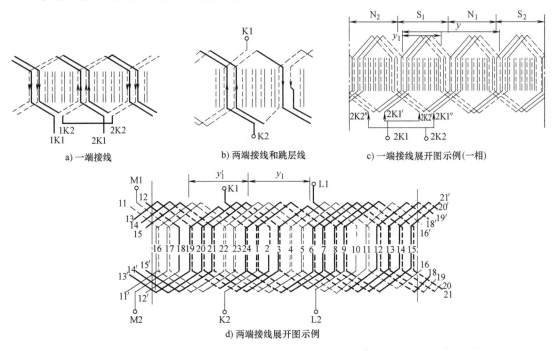

a) 一端接线　　　b) 两端接线和跳层线　　　c) 一端接线展开图示例(一相)

d) 两端接线展开图示例

图 7-2　绕线转子波形绕组接线方式和展开图

图 7-2c 为一个 4 极、36 槽、$y_1 = 7$、$y = 36/2 = 18$、支路数 $a = 2$、一端接线的波形绕组一相展开图。图 7-2d 为一个 4 极、24 槽、$y_1 = 6 = \tau$、$y_1' = y_1 - 1 = 5$、支路数 $a = 1$、两端接线的波形绕组三相展开图。图中两边所标数字为与线相接的另一根线棒所在槽号，数字带"'"的为下层，不带"'"的为上层。另外，由于从力学等方面考虑，引出线 U1、V1、W1 一般设置在下层，封零线设置在上层。

从图 7-2d 中可以看出，每相有 1 个小节距 y_1' 和 1 条跳层线。

7.2 转子波形绕组的制作方法

波形绕组一根线棒的形状如图 7-3a 所示，实为半只线圈。其横截面如图 7-3a 右图所示。它由经真空退火处理的裸紫铜排（TBR）外包一层 0.13×25 云母（5452 - 1）和一层 0.15×25 玻璃漆布（2432）组成。其中云母为半叠包，漆布带为平包。

包绝缘之前，线棒两端应搪锡并弯成如图 7-3b 所示的形状，有关尺寸按拆下旧线棒时所记录的数据。每台 3 根跳层线棒，如图 7-3c 所示。每根跳层线均要配 1 对木质槽垫块（称为木楔。该木楔最好用变压器油煮一下，木质应较软，可采用多层胶合板裁制），用于填充空出的半个槽，以免线棒松动。

制作上述线棒时，应用专用工具，要保证各部位的尺寸，弯角处应有足够的弧度 R。R 过小，则有可能造成断裂。绝缘应包严密。

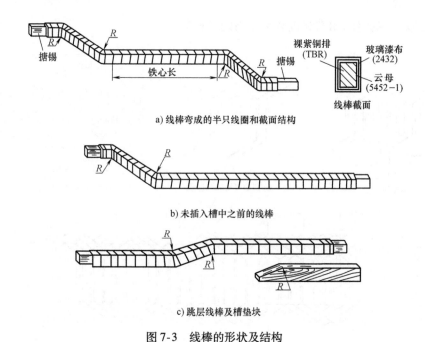

a) 线棒弯成的半只线圈和截面结构

b) 未插入槽中之前的线棒

c) 跳层线棒及槽垫块

图 7-3 线棒的形状及结构

7.3 波形绕组的槽绝缘结构

不同绝缘耐热等级的绕线转子槽绝缘结构也会有所不同。图 7-4 为一个绝缘耐热等级为

130（B）级的硬绕组转子嵌线并插入槽后的截面结构，其中：槽楔为 3240 玻璃布板；槽绝缘结构为内层为 0.25mm 厚的 DM，外层为 0.1mm 厚的 M；层间垫条和槽底垫条为 0.5mm 厚的 3230 玻璃布板。

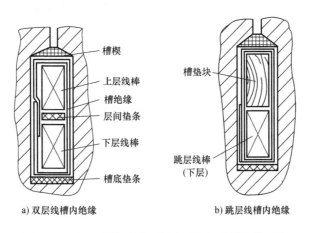

a) 双层线槽内绝缘　　　　　　b) 跳层线槽内绝缘

图 7-4　B 级绝缘绕线转子的波形绕组的槽绝缘结构

7.4　用于转子硬绕组嵌线和接线的专用工具

用于绕线转子硬绕组嵌线和接线的专用工具一般是自行制作。图 7-5 给出了一些常用的品种，其尺寸视要嵌线的线棒参数而定。

1）转子支架。用于支撑转子，转子在其上可较灵活地转动，这样会给嵌线工作带来很大的方便。支架高度在 1m 左右，滚轮（杆）采用黄铜或钢芯轴的尼龙材料制作。

2）双头扳手。用于弯折线棒的端部，用扁铁挝制和焊接而成。

3）扁管扳手。用于弯折线棒的端部，将钢管均匀地砸扁而成。

4）扳卡钳。用于直接或辅助弯折线棒的端部，也用于夹持线棒端部进行并头套的安装等工作。

5）专用并头套卡钳。用于将并头套中间空档部位卡紧的专用工具。

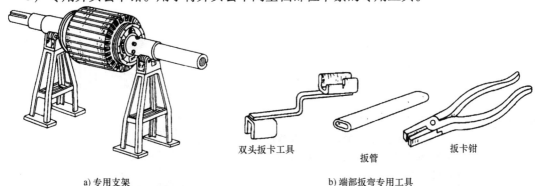

a) 专用支架　　　　　　　　b) 端部扳弯专用工具

图 7-5　绕线转子嵌线和接线专用支架和工具

7.5 转子波形绕组的嵌线和接线过程

以两端出线波形绕组为例，其嵌线及设置相关绝缘的全过程见表7-1。

表7-1 两端出线波形绕组嵌线及设置相关绝缘的全过程

顺序和名称	过程描述和注意事项	示图
1. 包扎线端支架绝缘	1）用0.2mm厚、25mm宽（以下简写成0.2×25，其他材料也如此表示）的白布带压包在两端的线端支架凹槽内2～3层	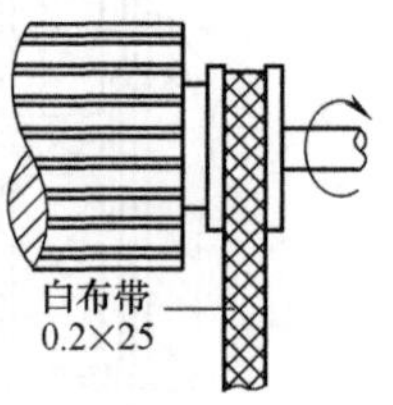 白布带 0.2×25
	2）逐一将裁好的0.2mm厚玻璃布板、0.2mm厚的云母板压在白布带下，包绕在支架上。玻璃布板及云母板的宽度应略大于支架的宽度，长度应略大于支架的周长（以达到能自己头尾对接为准）	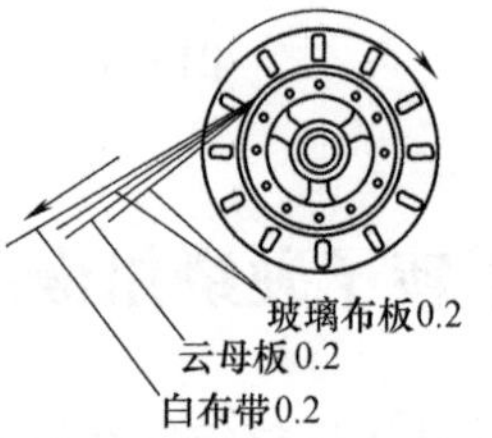 玻璃布板0.2 云母板0.2 白布带0.2
	3）将白布带从支架孔中穿过，锁3个十字扣，最后锁紧	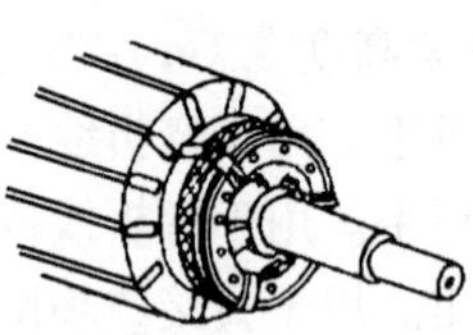
2. 安放槽底垫条和槽绝缘	1）将槽底垫条顺槽口放下，当它掉到槽底时会自然地平过来贴于槽底面	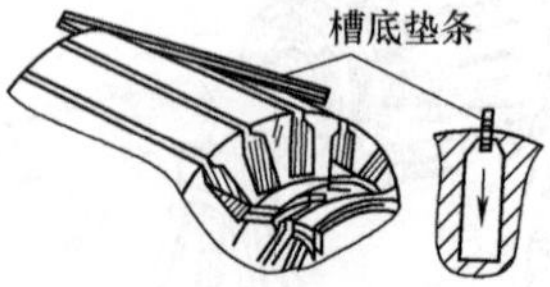 槽底垫条
	2）将槽绝缘卷成筒状，用一片绝缘薄膜包在头部，用手捏住并捏扁。将槽绝缘推入槽中 3）整理槽底垫条及槽绝缘，使两端伸出槽口的尺寸相同	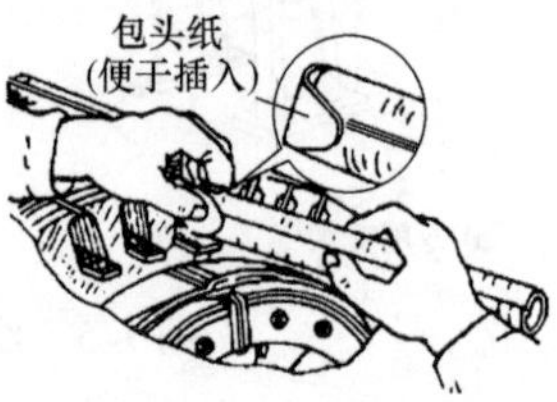 包头纸（便于插入）

（续）

顺序和名称	过程描述和注意事项	示图
3. 插入下层线棒	从非集电环端插入下层线棒。为使线棒插入较顺畅，可事先在线棒前半段涂少许中性凡士林油。注意留出跳层线所占用的3个槽	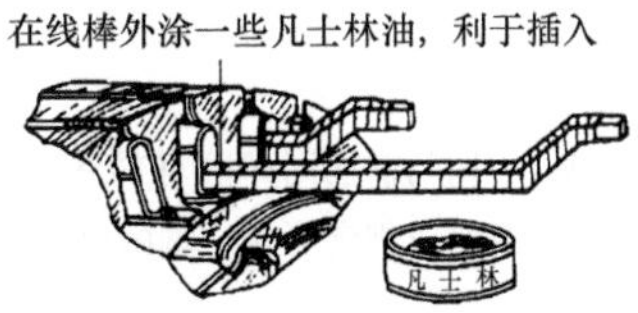 在线棒外涂一些凡士林油，利于插入
4. 包扎一端层间绝缘	先将线棒为直线的一端用白布带扎紧，再用与包扎第一层端部绝缘相同的材料和方法包扎原已弯成形线棒端的层间绝缘	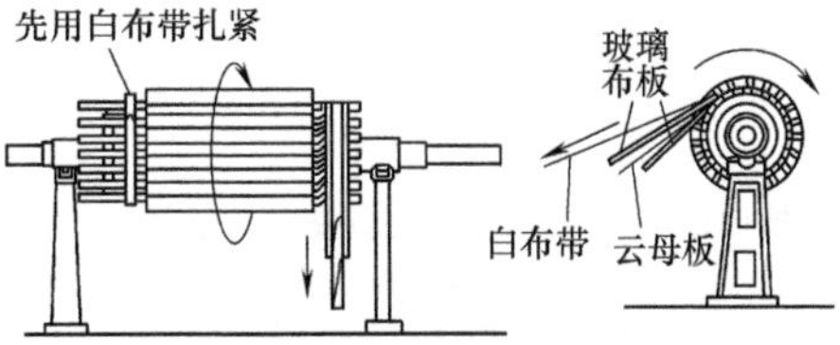 先用白布带扎紧 玻璃布板 白布带 云母板
5. 插入跳层线棒	从已包好层间绝缘的一端插入3根跳层线。在第4步最后可将白布带锁在一根跳层线棒上。将跳层线棒两端伸出尺寸调均匀后，打入槽垫块，使其固定	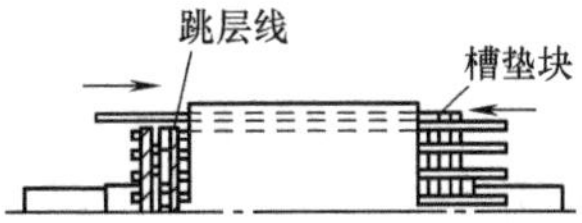 跳层线 槽垫块
6. 下层线端部扳弯成形	1）用专用扳弯工具扳第一道弯。注意方向、角度和根部尺寸。扳动时，要均匀施力。第一道弯全部扳完后，用木板拍打，使其平贴在支架绝缘上	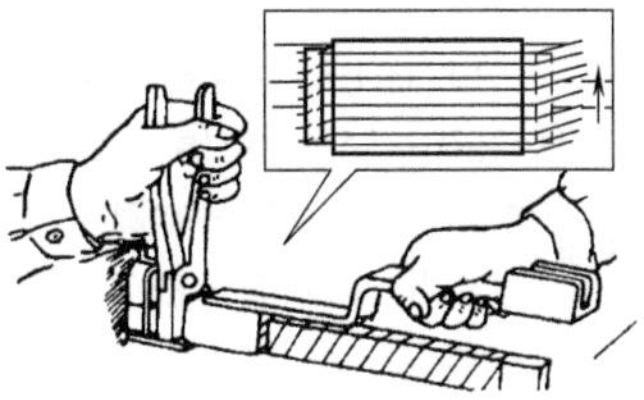
	2）用专用工具扳第二道弯。扳完后，线端（未包绝缘部分）轴向应和电动机轴向平行	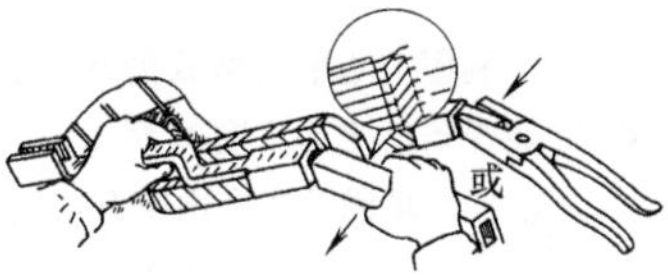

（续）

顺序和名称	过程描述和注意事项	示图
7. 包扎另一端层间绝缘	用与前面同样的材料和方法包扎刚刚扳弯成规定形状一端的层间绝缘	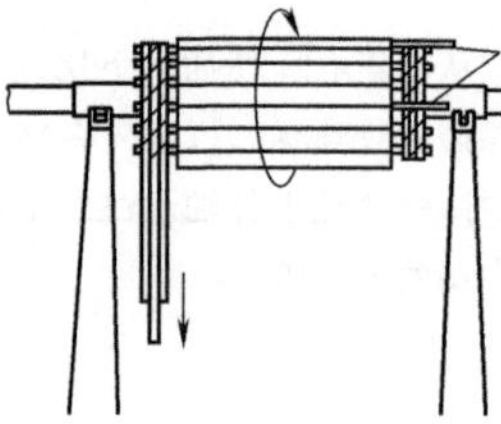
8. 放槽内层间垫片	逐槽放入层间垫片。放后整理，使其两端伸出长度相等	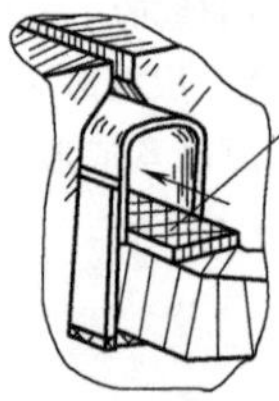
9. 插入上层线棒和槽楔端部扳弯	将上层线棒全部插入后，将槽楔逐一插入。然后扳弯使端部成形。放大图给出了到此阶段时的端部材料层次	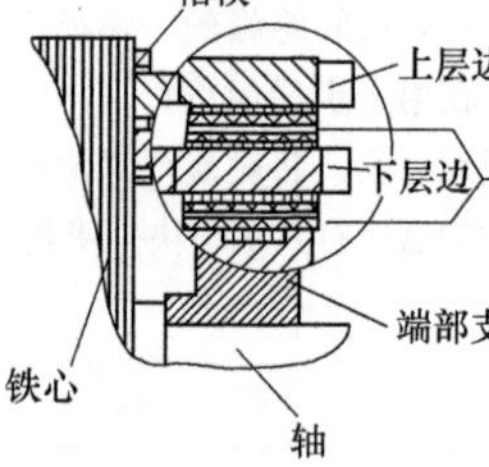
10. 装并头套和打入铜楔[①]	1）将上层对应端对齐并装上并头套（用铜板制作并搪锡）。将事先搪锡的铜楔打入上、下层的空隙中。铜楔的厚度应适当，做到既不松动，又不会撑开并头套 2）用专用卡钳夹卡铜楔部位，使并头套凹入，进一步固定铜楔	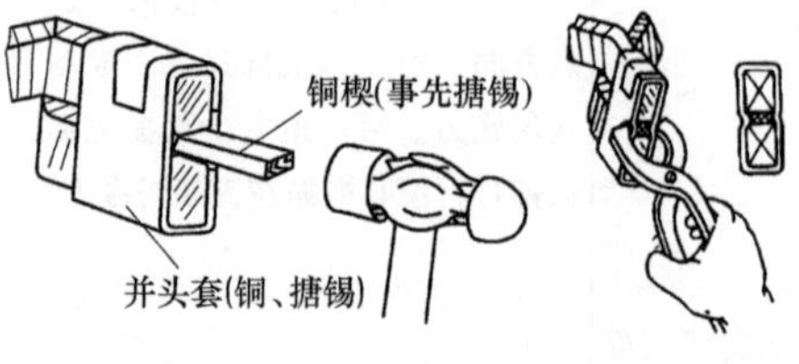
11. 并头套灌锡和绝缘[①]	利用大功率电烙铁给并头套加热，用锡焊条抵在并头套端面或内面，向里面灌锡至填满并头套内所有空隙 有条件时，应采用整体渫锡工艺	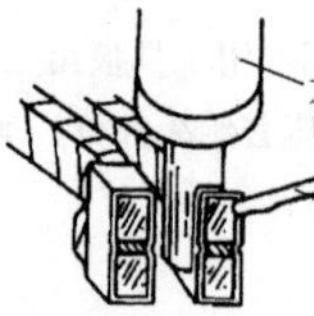

（续）

顺序和名称	过程描述和注意事项	示图
12. 并头套进行绝缘处理	并头套灌锡后，应对每个并头套进行绝缘处理，以防止运行时在两个相邻并头套之间进入导电异物后造成短路故障。绝缘处理可用套绝缘套管（要有一定的紧度）、热缩管、包绕绝缘漆布等方法	

① 为了防止运行时因故障造成较大电流使焊锡熔化，造成并头套脱落，进而形成更大的故障，现有较多的企业采用熔焊法连接上、下层线棒的工艺，焊接时应注意采取隔离和适当的冷却措施，防止相邻导线的绝缘被烤伤。

图 7-6 给出了用气焊和专用熔焊机进行焊接的照片。

a) 气焊连接　　　　　　　　　b) 专用熔焊机连接

图 7-6　用熔焊法连接上下层线棒

7.6　用无纬带绑扎转子波形绕组的端部

无纬带是树脂浸渍玻璃纤维无纬绑扎带的简称，也俗称玻璃钢。本材料应在低于5℃的环境下存放，随用随取。

绑扎前，应将转子在烘箱中放置2h左右，对热分级为130（B）级和155（F）级的无纬带，温度为80～100℃；对热分级为180（H）级的无纬带，温度为120～140℃。若采用涮锡工艺，可在涮锡后立即进行绑扎。绑扎时，转子温度不应低于50℃。

用木榔头沿转子绕组端部外圆将其敲平整。

用机床或人力旋动转子，应控制对无纬带的拉力（计算数值与无纬带的宽度有关，应不超过400N/10mm，一般在300N/10mm左右即可），半叠包、平包和两者结合包绕6～8层。要求平整，应尽可能宽。

绑扎到最后一层时，保持拉力，用电烙铁将无纬带末端烫1～2min，将其与下层的无纬带"粘"牢。

图7-7是用专用机床绑扎无纬带的操作现场。

图 7-7 用专用机床缠绕无纬带包扎绕组端部

绑扎后，应在两天时间内，将转子在烘箱内烘烤（若对转子进行浸漆，可不进行此项），其温度和时间见表7-2。

图7-8是一台嵌线后还未接出引出线的转子。

表7-2 无纬带烘烤温度和时间

无纬带热分级	130（B）		155（F）		180（C）	
	温度/℃	时间/h	温度/℃	时间/h	温度/℃	时间/h
工艺参数	80~90	4	100~110	4	130~140	4
	130	10	155	10	200	8

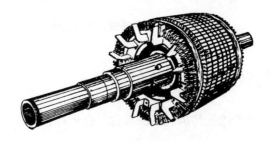

图7-8 嵌线后的硬绕组绕线转子

7.7 转子引出线穿出转子轴孔的工艺

将绕线转子绕组的三相引出线穿出转轴的中心孔后，引出线与轴孔接触部位的空隙，应用涤棉毡塞紧，再灌入环氧树脂固化，如图7-9所示。也可采用其他工艺，但必须保证引出线不会松动，否则很可能在电动机运转时，因松动造成与转子孔摩擦，最后使绝缘破坏而对轴短路。

图7-10给出了一个采用漆包圆线散嵌绕组和一个用丝包扁线制成的少胶成型线圈作为绕组的绕线转子成品实例。

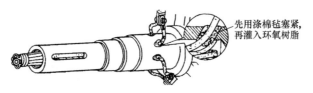

图7-9 转子引出线入口处的处理方法

图7-10 漆包圆线散嵌绕组和丝包扁线绕组转子

第8章 → 接线操作工艺和要求

　　绕组各线圈之间以及每一相引出到机壳外接线装置上的连线，都需要进行节点连接。对这些连接要求是：接触可靠、牢固，连接部位的电阻不得大于同等长度所用导线的90%，对连接部位应采用适当的绝缘，使用的套管等绝缘材料的耐热等级不应低于该电动机绕组的等级。本章介绍常用的几种连接方法，可根据产品和使用单位的具体情况进行选择。

8.1　去除导线绝缘层的方法

　　电机绕组和引出线都会具有绝缘外层，小型电机绕组大部分使用漆包线，中大型电机则主要使用丝包线和涤包线。中大型电机一般使用成型绕组，其每只线圈的两端需要连接时，导线外层绝缘容易去掉。对于绕组引出线，有的电机直接采用线圈的两条端线作为引出线，但大部分采用具有橡胶或塑料绝缘外层的导线，因为用量较少（一般为6条，少则3条），所以工作量不大。由此可以说，对于本项工作，其工作量和难度主要集中在去除漆包线的漆皮上。

8.1.1　去除漆包线漆皮的方法

1. 用细砂布或用刮漆刀的方法

　　对于较小的使用单位，可使用细砂布打磨的方法去除绝缘漆层；也可用如图8-1所示的用钢片自制的刮漆刀刮除绝缘漆层。操作时，对于较细的导线，应注意用力适当，以避免将导线拉断或切断。可按要刮漆的导线截面直径的大小，将刮漆刀的上下刃口加工成像小型剥线钳刃口那样的半圆口，会有效地避免切断导线。对较粗的导线，可用如图8-2所示的电工刀进行刮漆。图8-7a给

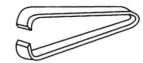

图8-1　刮漆刀

出的一把用废钢锯片自制的剥皮刀具有不同半径的刃口，也可用于刮漆，并且不会将导线切断。

2. 用电动刮漆机的方法

　　对于工作量较大的去漆皮工作，建议使用如图8-3a给出的一种手持式电动刮漆机，若导线较粗，则可使用如图8-3b给出的电动台式刮漆机。这两种刮漆机所用的刀头（见图8-3c）的结构基本相同，可根据需要调节刀头开口的大小，以适应不同的线径，还可根据需要调节刀头的旋转速度。

3. 火烧法

　　对于导线根数较多（有些中型电机线圈匝中会有十多根导线，并且线径还可能不完全相同）的漆包线去漆皮工作，有些单位采用集中火烧的方法。图8-4给出了一个用气焊火

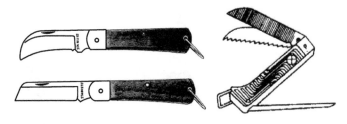

图 8-2 电工刀

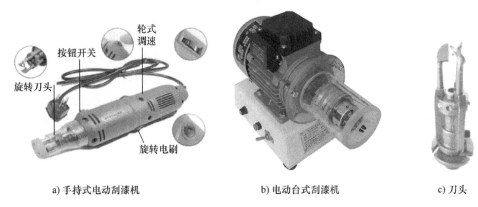

a) 手持式电动刮漆机   b) 电动台式刮漆机   c) 刀头

图 8-3 电动刮漆机

焰的操作现场图。也可用汽油或煤油喷灯。烧时，应注意不要开大火，时间不要过长，见到漆皮变黑或被点燃即可停火，以避免将导线烧熔烧断。之后，将烧过的导线端深入酒精中进行搅动，漆皮就会脱落，并且导线还原成原始的金属色。

这种方法的不足之处是会对操作环境造成一定的污染，对操作人员和现场周边人员的健康造成不利影响。为了减小影响，操作人员应戴口罩，并建议设置排烟设备。

图 8-4 火烧脱漆现场图

另外，在操作时，还应注意防止将其他部分的导线和绝缘材料点燃，一旦发生被点燃的事故，应立即停烧并用事先准备好的水灭火。

8.1.2 去除电机引出线绝缘皮的方法

大部分电机引出线用耐电压符合本电机绝缘耐热等级的绝缘电线（电类）。它的一端在电机内部与电机绕组相接，外部与接线端子相接。所以其两端都要去掉一段绝缘层。

较细导线可采用如图 8-5 所示的剥线钳。使用时应注意按线的粗细选择合适的刃口。

较粗的导线则需要用图 8-2 所示的电工刀。剥削方法如图 8-6 所示。应注意避免伤及线芯。

图 8-7a 给出的自制专用剥皮刀带有不同半径的半圆刃口。使用时，按导线的粗细选择

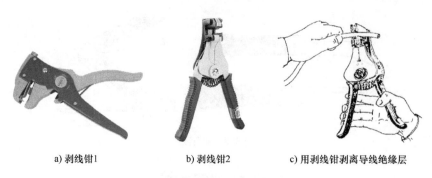

a) 剥线钳1　　　　　　　b) 剥线钳2　　　　　　c) 用剥线钳剥离导线绝缘层

图 8-5　小型剥线钳及其用法

合适的刃口。使用时，将导线放在一个木板上，先用刀尖沿着导线的轴向破开要剥离绝缘皮的长度，之后把刀口压在根部，并用刀推动导线来回滚动，直到切入深度接近绝缘皮的厚度为止。若将导线放在一个刻有与导线半径相同的槽的木板上，可以将导线放入槽内后，将刀的半圆刃口压在导线要剥掉绝缘皮的位置，然后用锤子敲击刀背，切开绝缘皮的一半，将导线翻过来，再切开对面的一半绝缘皮。

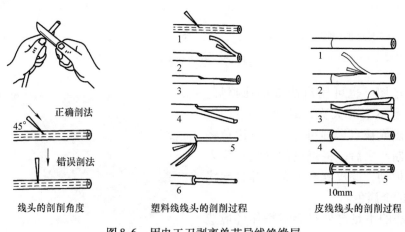

正确剖法
45°
错误剖法

线头的剖削角度　　　　塑料线头的剖削过程　　　　皮线线头的剖削过程

图 8-6　用电工刀剥离单芯导线绝缘层

a) 自制专用剥皮刀　　　　　　　b) 剥皮过程

图 8-7　自制剥皮刀及其用法

8.2　嵌线后的接线及要求

在电机嵌线后，要进行线圈之间和线圈与引出线的连接，它们相互连接的关系要严格按绕组展开图的规定，同时要做到连线路径尽可能短。引出线应靠近机座出线孔，并按头尾左右分开成两组，确定各相的头尾端头后，给出标记，给出的方式可以是不同的颜色、套管标号等。

在此过程中，需要对连接点进行绞接、焊接等可靠的连接处理，并将连接点进行绝缘处理，以保证连接牢固、绝缘可靠。根据电机绕组导线的粗细和每匝导线股数的多少，可选用连接方法如下。

8.2.1 导线绞接后再锡焊的方法

对于容量较小、导线较细并且每匝导线股数也很少的导线连接，可采用导线绞接后再锡焊的方法。

事先将要连接的导线除去绝缘漆和绝缘皮，将两层丙烯酸酯玻璃漆管 2740 – Ⅱ 套在要连接的两根导线（已有一层套管）中的一根上。然后根据情况采用合适的方法将导线两端绞接。之后，通过锡焊将两线牢固地连接在一起，最后将上述两层套管置于预定的位置，如图 8-8a ~ c 所示。图中的 a 为铰接长度，以两端各绞绕 5 圈左右为宜。

锡焊时，先在导线绞接处涂一些焊剂（应用中性焊剂，如松香焊剂），再用电烙铁进行锡焊。如长期使用，可将烙铁头锉出一条横沟，焊接时，将导线放于沟内，焊锡丝抵在导线上，使其熔化流到导线连接处，如图 8-8d 所示。

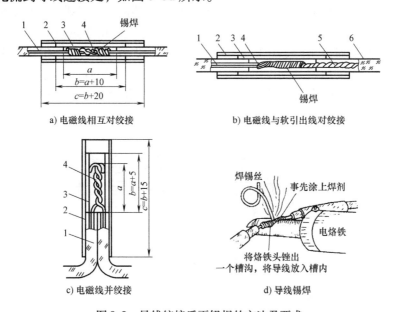

a) 电磁线相互对绞接　　　　b) 电磁线与软引出线对绞接

c) 电磁线并绞接　　　　d) 导线锡焊

图 8-8　导线绞接后再锡焊的方法及要求

1 ~ 3—丙烯酸酯玻璃漆管（2740 – Ⅱ）　4—电磁线　5—多股软铜线　6—JYJ 型交联聚烯烃引接线

8.2.2 用炭精加热器的锡焊焊接方法

在上述方法中，由于电烙铁的功率有限，不便于焊接较粗和线股较多的连接点。此时可以使用炭精加热器完成锡焊任务。

1. 炭精加热器的规格

炭精加热器由一台使用 220V 单相交流电的降压变压器和炭精棒等组成，与交流电焊机的组成相类似，只是有的变压器的输出电压不能连续调节，另外，用炭精棒代替了电焊条

（这里的炭精棒主要起通电和发热作用，并不熔化到焊点中，但会在使用过程之中不断损失）。用于熔焊法焊接金属导线时，被称为"炭精弧焊机"或者"点焊电焊机"，如图 8-9 所示。加热器的规格一般根据变压器的额定容量（kW）来分，一般在 3kW 以下，常用的有 0.5kW、0.75kW、1kW、1.5kW、2kW、2.5kW 和 3kW 几种。

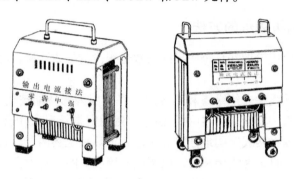

图 8-9　炭精加热器用变压器

2. 用炭精加热器锡焊的操作方法

以焊接导线与接线端子为例，操作时，将降压变压器的一条引线接于端子头部，炭精棒电极顶在端子颈部（为避免焊剂流到导线端部外层绝缘上和由于过热起火烧损导线外层绝缘，应事先在导线端部包扎长度为 15mm 左右的胶带，焊好后拆下）。很快，炭精电极就会发热变红（发热较多的原因是其电阻较大，这也是称为"电阻焊"的原因，实际上此时它就是起到了一个电烙铁的作用），端子上涂的焊剂开始熔化冒烟，使端子头部上翘，将锡条抵在端子上使其熔化并流入端子颈内部，如图 8-10 所示。

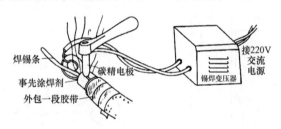

图 8-10　用炭精加热器进行端子的锡焊连接

8.2.3　点焊（碰焊）法

碰焊法是用类似电焊机的小型单相变压器（见图 8-9）或电子弧焊机（如今后者应用较多），一次接 220V 单相交流电源，二次一端接已通过绞接等方式连接在一起线端距顶端有一定距离的位置，另一端接一段炭精棒，用炭精棒点接（不是完全接触）连接线端，如进行电焊那样操作，接触点就会靠电弧的热量而自熔在一起，如图 8-11a 所示。图 8-11b 给出的设备与上述不同点在于，其点焊机的两条输出线都连接在一个由两个炭精棒组成的点焊器上，使用时，将待焊接处放在两个炭精棒之间，两个炭精棒中至少有一个和待焊接处保持一定的距离，以便形成电弧。

本方法也被称为点焊法，在小型企业使用较多，但不适用于较粗或股数较多的连线。图 8-12 给出了部分电源设备的外形图。

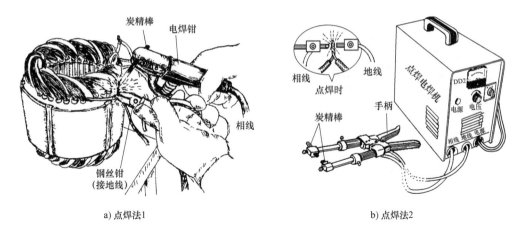

a) 点焊法1   b) 点焊法2

图 8-11 用电焊机焊接

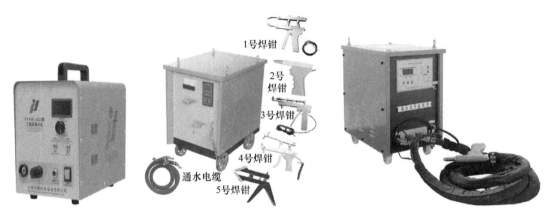

图 8-12 电焊机电源设备示例

8.2.4 气焊法

气焊法又称熔焊法，其优点是焊点牢固可靠，是优选的方法。但因为该工作属于有害工种，并且需要一定的技术，其中包括安全操作技术，所以国家规定，操作人员必须经培训合格获得操作证方可上岗作业。

下面简要介绍气焊设备的组成，重点介绍用气焊法焊接电机接线的操作方法。

1. 气焊设备

气焊设备由传统的乙炔气＋氧气＋气焊枪组成，高压乙炔气和氧气分装在一个高压气瓶中，其各部位的名称及连接关系如图 8-13 所示。

另外还有一种称为氢氧焊机的设备，燃料是氢气，但该氢气是由自带的水桶中的水（纯净水）经过电解得到的，当然，所用的助燃剂——氧气也是通过电解水得到的。因此，也称其为水焊机。图 8-14 给出了 3 种产品外形示例。

绕组线端与线端连接时，先将两线头拧绞在一起，然后用气焊火焰加热其头部使之熔化后熔合，如图 8-15a 所示；绕组线与外引线连接时，先将两者的线端烧熔后再对在一起焊接，如图 8-15b 所示。焊接时，应使用火焰的中部。在焊接处点少许硼砂，可加速铜线的熔化。

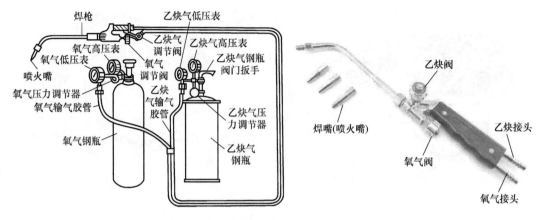

图 8-13　乙炔焊机各部位的名称和连接关系图

图 8-14　氢氧焊机（水焊机）和专用焊枪示例

2. 焊接注意事项

焊接过程中，若是有漆包软线绕组，则基本上是使用火焰的中部，因为此处的温度低于火焰的头部，比较适合焊接相对较细的铜线，特别是线径只有零点几毫米的小电机，更应注意这一点，否则可能将导线烧断。对于较粗的导线（例如成型绕组和铜排绕组），则可不必注意这一点，并可在焊接处撒一些硼砂，以利于铜线快速熔化，提高焊接效率。刚开始用火焰烧导线的绝缘漆时应用钳子将线端拧松一小段，以利于将所有的导线漆层烧透，烧 1s 左右的时间后，用焊枪喷嘴轻轻敲打线头，使漆灰掉落。

3. 焊接过程

对于散嵌绕组线圈之间的连线，事先将导线整理好，留出合适的长度后，套上绝缘套管，之后将两个线端拧绞在一起。用气焊枪直接熔焊其端头部位，对多股线，开始时应用钳子将线端左右来回拧动，以利于所有的线股都能烧熔。之后，待熔点完全冷却后，在连接处套一段绝缘套管并打弯贴附在绕组端部。

绕组出线端与引出线缆的焊接过程是：

先用钳子将绕组待焊导线的端头多股线拧成麻花状。对多股线，焊接开始时的操作同上述操作方法。之后，用气焊枪的火焰将其端头烧熔呈球状。将引出线缆的一端的多股线也烧熔。接着，将两个端头对接并焊在一起。整个焊接过程要迅速、果断。

图 8-15 给出了焊接示意图；图 8-16 给出了几幅焊接现场图，供读者参考。

a) 绕组导线之间连接　　　　b) 绕组线与外引线连接

图 8-15　用气焊焊接的示意图

a) 整理绕组端部导线　　　　b) 焊接线圈相互之间的连线　　　　c) 熔焊绕组出线端头

d) 熔焊外引出线端头　　　　e) 焊接绕组出线端与外引线　　　　f) 穿绝缘套管并做绑扎前的准备

图 8-16　用气焊焊接绕组线圈之间的连线和引出线的现场图

8.3　铝绕组导线的焊接方法

8.3.1　概述

铝线与铝线的焊接比铜线和铜线的焊接难度大、工艺复杂。这是因为铝在空气中极易氧化，生成的氧化铝膜电阻大、熔点高（约为 2050℃），不易从融熔铝液中浮起，易形成夹渣。焊接前除去导线表面氧化膜，并防止焊接过程之中再氧化，是保证焊接质量的关键。焊接时，应避免导线、焊料及焊剂有水分，以防止气孔产生。

铝的导热系数和比热均较大，凝固时收缩率也较大，因此，铝焊接时采用氩弧焊，热源集中。应避免焊接热量过大和时间过长，否则会使铝的晶粒严重长大，并使晶粒边界的低熔共晶物熔化，氧化而变质，接头发脆，这种现象称为"过烧"。因此，避免接头过热是获得优质焊接头的重要保证之一。

铝绕组的引出线不宜采用铝线，铝的弹性系数小，用机械连接易受机械力的作用而产生永久变形；铝的热膨胀系数大，用机械连接易受热应力的作用而产生松动，使接触电阻增大；铝的电化学电位低，在潮湿环境中易产生腐蚀，所以在铝线软绕组中，一般不采用。

1）线圈绕制时，在引出线端焊上相应线径的铜线。铜线可加长，放入槽中，接线与铜线绕组相同。

2）采用铜 - 铝过渡接头。

3）铝引出线直接焊接铜电缆。

在硬绕组中，由于导线截面较粗，一般均采用铜 - 铝过渡接头，引出铜电缆。在铝线绕组中，不仅要解决铝与铝的焊接，还要解决铝与铜的焊接。

铝与铜的焊接困难更大，铝与铜之间电位差大，容易产生电化学腐蚀。本节简要介绍几种铝线焊接工艺。

8.3.2 钎焊

1. 注意事项

铝线与铝线焊接所用的钎焊方法和铜线与铜线焊接相似，但所用的焊料与焊剂不同，工艺操作也较为复杂。钎焊铝线要解决的主要问题是改善焊头的抗腐蚀性能。相关要求如下：

1）采用机械刮擦法或超声波法等清除氧化铝膜，不用焊剂，以避免残留焊剂对焊头的腐蚀。

2）采用无腐蚀性的焊剂，例如松香焊剂，以及其他中性焊剂。

3）选用与铝电极电位相近的焊料，减缓电化学腐蚀的速度。

4）接头焊接后，进行良好的封闭，防止潮湿及有害气体的影响。

2. 钎焊铝 - 铜和铝 - 铝的焊料

铝 - 铜导体钎焊的焊料选择，主要考虑对铝的可钎焊性。锌、镉与铝电位值接近，所以一般用锌基焊料。铝中可溶解大量锌，锌焊料可以在铝锌临界形成固定层。铝锌合金层的电位比锌低，比铝高，可以改善抗腐蚀性。但是，锌液对铝的润湿性很差，易聚集成球状，同时，锌的纯度对接头的抗腐蚀性影响很大，略有不纯就会严重恶化。

在铝基焊料中加入镉，共晶熔点低（266℃），它的流动性和抗腐蚀性好，但镉量越高，毒性越大，所以应用较少。

在锌基焊料中加入少量铅，能改善锌的润湿性、细化焊料晶粒。含铅量一般控制在0.5% ~ 5%。这种含铅的锌基焊料可以不用无机盐类焊剂而钎焊铝 - 铝和铝 - 铜，但其抗腐蚀性能比纯锌差，焊接后应对焊接部位采用密封措施。

在锌基焊料中加入锡，可降低焊料的熔点。含锡91%的锡锌焊料，其熔点只有200℃左右。焊头机械强度较低、抗腐蚀性能较差，一般用于铝件搪锡。随着含锌量的提高，应相应提高焊头的机械强度和抗腐蚀性。

在锌基焊料中加入铝、银，可改善焊料的润湿性，增强接头的机械强度和延伸率、耐腐蚀性和导电性能。但相应会提高焊料的熔点。

现将常用的几种铝钎焊焊料列于表8-1中。

表8-1 常用的几种铝钎焊焊料的成分和性能

焊接种类	成分（%）						熔点/℃	耐腐蚀性	焊剂种类	用途
	Zn	Sn	Pb	Cd	Cu	Al				
低温焊料	9	91	—	—	—	—	203	差	无机盐溶液	搪锡
	20	80	—	—	—	—	270			
中温焊料	70	30	—	—	—	—	200～375	差	无机盐溶液	接头钎焊
	90	—	—	10	—	—	265～400			
高温焊料	95	—	—	—	—	5	382	优	无机盐溶液	接头钎焊
	100	—	—	—	—	—	419			
	97	—	3	—	—	—	420～460	良	有机焊剂	接头钎焊
	92	—	—	—	3.23	48	380～450		无机盐溶液	

3. 钎焊铝－铝和铝－铜的焊剂

氧化铝膜清理困难，在钎焊铝线时常采用无机盐焊剂。无机盐焊剂由卤族元素的盐类组成，普遍含有氯和氟离子。

钠、钾、锂都属于碱金属，对大部分其他金属都是活性的。因此，在钎焊过程中，有改善系统润湿性的作用，常用无机盐类焊剂见表8-2。

表8-2 常用无机盐类焊剂

序号	成分（%）							熔点/℃	用途
	NaF	KF	ZnCl	NaCl	KCl	LiCl	NH₄Cl		
1	2	—	88	—	—	—	10	200～220	低温钎焊
2	—	—	65	10	—	—	25	200～230	搪锡
3	5	—	95	—	—	—	—	390	中温钎焊
4	—	8～12	8～15	—	余量	25～35	—	420	高温钎焊
5	5	—	37	6	31	16	5	470	高温钎焊
6	8	—	—	28	50	14	—	—	气焊

经验证明，单独使用氯化铝或氯化铵进行铝－铜和铝－铝钎焊，效果较好，但氯化铝极易吸潮，使用时，易使焊料飞溅，需注意安全。同时，还应考虑无机盐类残留焊剂及其反应

物都会对铝线和焊头产生严重的腐蚀作用。焊后必须彻底清洗，对于难以清洗的接头，要采用这类焊剂。

钎焊铝－铜及铝－铝的有机焊剂（又称中性焊剂）常用松香酸、三羟乙基铵、氟硼酸镉等有机酸类组成。

有些单位采用松香酒精溶液做焊剂，以锌基焊料钎焊铝－铝及铝－铜取得了经验。松香酒精溶液能微弱溶解氧化铝，能机械去膜，使涂有松香酒精溶液的铝－铜接头快速浸入高温焊料液中时，急剧反应膨胀，形成爆炸力，使氧化铝膜与铝分离，改善了系统的润湿性。

4. 氧化铝膜的清理

清除方法有两种：一种是机械方法，用刮漆工具（见图 8-3 给出了两种电动刮漆机）刮擦，刮除后，应立即用松香酒精溶液封闭；另一种方法是用酸性溶液清洗。运用效果较好的净化剂对线头进行净化。线头从净化剂中取出后，须立即用清水冲洗掉附在线头上的反应物，擦干水后随即钎焊。

5. 浸渍钎焊操作及注意事项

线头清理干净后，浸入焊剂溶液中，摇晃 10～30s，见线头呈白色，取出后，随即进入熔融焊料液内，到没有气泡溢出，即可取出。将焊好的接头放入碱溶液（2%～5% 的 NaOH 水溶液）内，中和残留的酸性焊剂，然后用温水冲洗干净，待干燥后封涂绝缘漆，以防受潮腐蚀。

钎焊铝－铜时，应先将铜线头搪锡，然后按上述方法进行焊接。

采用酸性焊剂清洗麻烦，而且难以清洗干净，在截面积不大于 $10mm^2$ 的铝线绕组中，常采用松香酒精焊剂和锌基焊料进行钎焊，其工艺如下：

将线头清理干净后，绞接 6～8 圈，圈间留有缝隙，浸入松香酒精焊剂中，取出后，迅速浸入锌铅焊料液内 1～2s 即可，然后接头用绝缘漆封闭。

为保证钎焊质量，需注意以下两点：

1）要保证焊料和焊剂的纯度和配比。实用的锌必须是化学分析纯（锌达 99.98%），铅为化学纯，呈颗粒状。熔化时，先熔化锌（97%），后加入铅（3%），以免铅被氧化过多，整个过程都应防止杂质污染。焊剂配方中，松香和酒精比例不能小于 1:1。酒精应用无水酒精。

2）焊料盛于特制的刚玉坩埚内（不能用铜锅或铁锅）。温度应控制在（440±20）℃内。温度过高，铝线会发生局部融熔，将改变焊料成分，影响钎焊质量；温度过低，会产生假焊。

8.3.3　氩弧焊

氩弧焊用于焊接各种形状和截面的铝导线。焊接时，多采用交流电源，并附加高频电源引燃电弧，以降低起弧电压。焊缝较大时，可用铝丝做焊料。图 8-17 给出了两种氩弧焊机示例。

氩弧焊的主要焊接参数是钨极直径相应的电流强度和氩气流量等。表 8-3 为中型铝线电机焊接规范（供参考）。

图 8-17 氩弧焊机

表 8-3 中型铝线电机焊接规范

接头形式	导线截面/mm²	焊接电流/A	氩气流量/（dm³/min）	钍钨极直径/mm
线圈引出头封焊	4~10	60~80	4~9	1.5
相间对接	7~32	60~80	4~9	1.5
并联环与相组 T 形连接	—	70~100	4~9	1.5~2.0

　　焊接电流是保证焊缝质量的关键。应根据导体截面大小和所用的接头形式加以控制，防止电流过大，使钨极烧损过度，造成焊缝夹渣。氩气流量应调节适当，过大，电弧不稳定或发生偏吹，易使钨极呈不均匀状大块熔化，造成飞溅和夹渣。另外，送入氩气时不允许出现涡流现象，以免空气卷入保护区内；氩气量过小，起不到保护作用，同时不易引弧。

　　焊料应在电弧下进行必要的预热后再送入电弧弧心内熔化，以避免出现焊料熔化不良的现象；同时在焊接过程中，焊料不能离开氩气保护层，以免在高温下氧化，影响焊接质量。对于较小的接线头，在焊接后，待铝液凝固后再进行一次电弧回火，以借助外层氧化膜的表面张力获得光亮而圆滑的接头。

　　氩弧焊的弧柱中心为等离子体，弧温高，弧光及紫外线强度远超过一般的电弧焊，容易产生臭氧（O_3）、氮氧化合物和金属粉尘等有害物质。因此，必须要有妥善的劳动保护措施，如局部通风、戴防护口罩和眼镜、穿专用工作服等。

8.3.4　铜铝过渡接头

　　铝线与铜线连接时，可利用铜铝过渡接头。这种接头可根据要连接的铜线和铝线的线径购买成品或预制。图 8-18 给出了成品式样和尺寸标注图。

　　在铝线绕组中应用铜铝过渡接头能获得较好的焊接质量。常用铜铝过渡接头的预制方法为电能储能焊。也可用冷压焊、摩擦焊和闪光焊等方法，见表 8-4。

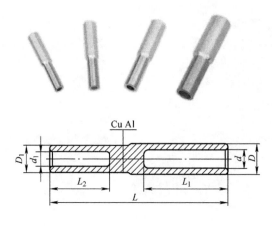

图 8-18 铜铝过渡接头及尺寸标注

表 8-4 铝－铜、铝－铝焊接方法比较及应用

焊接方法	性能与特点	应用范围	注意事项
松香酒精焊剂高温钎焊	设备及操作简单，无腐蚀作用，焊接后的接头不用清洗	适用于小型电机铝－铝及铝－铜导线的焊接，以及其他的铝－铜焊接	对铝接头的清理要严格
气焊（乙炔焊）	用中性火焰，火焰的温度可调节，须用焊剂	适用于中小型电机铝线熔焊，或作钎焊热源，用于小型电机连接线和引出线的焊接	需要熟练并具有焊工操作证的人员操作。焊接后要认真清理残留焊剂
氩弧焊	在氩气的保护下，可不使用焊剂而获得好的焊接质量	适用于中大型电机扁线焊接，主要用于熔焊铝线	臭氧浓度较大，需要加强场地通风换气和屏蔽，注意劳动保护
瓶模电阻焊	热量比较集中，接头焊接质量好，不用焊剂，交易实现自动化	适用于空间窄小的电机绕组焊接。可用 $\phi 0.74 \sim 2.0mm$ 铝绞线接头焊接	瓶模尺寸规格化，供应困难，一般需要自制
电阻对焊	没有火焰，不用焊剂，焊接速度快。只能进行铝－铝焊接	可用于扁线及 $\phi 2.6mm$ 及以上圆线对焊。适用于线圈绕制断线焊接	绕组接线空间过小时，不宜使用

（续）

焊接方法	性能与特点	应用范围	注意事项
超声波搪锡钎焊	利用超声波除去氧化铝膜，只用松香酒精溶液做焊剂，焊接后的接头不用清洗	可用于直流电机的换向极绕组及其他铝－铝和铝－铜焊接	对多股绞线接头，清除氧化膜的工作比较困难
电容储能焊	焊接速度快、质量好。可对接铝－铝和铝－铜，也能搭接铝铜薄板材	适用于ϕ4mm及以下的铝－铝和铝－铜焊接，预制铜铝过渡接头或直接在绕组上焊接铜引出线	由于电容器体积大、价格高，不宜制作大功率设备。对线径小的铝、铜导线对接，规范严格，需要专人管理和使用
冷压焊	不加热，无焊料和焊剂，可以对接或搭接，接头强度不低于基本金属，铝－铝和铝－铜均可用	对接ϕ0.8mm及以上圆线或扁线，可以加工预制铜铝过渡接头，也可以搭接绕组引出线	对接的压钳精度不够，需要挤压2~4次，需要搭接模具
闪光焊	焊接时，熔融金属喷射，导线接头内的铜铝合金层控制在0.02mm以下时，可保证质量要求	适用于预制铜铝过渡接头，用于中大型电机绕组的焊接	电网电压波动会影响焊接质量，应采取电源稳压措施
摩擦焊	铜铝采用低温摩擦焊，转速慢，设备简单。铜铝接头在共晶温度以下焊成，无中间合金层，能冷锻，不用热源，不用其他的填充金属	适用于预制铜铝过渡接头，用于中大型电机绕组的焊接	只能焊接圆导线，对于扁导线，需将其线头锻打成圆形截面后进行焊接
高频熔焊	用高频电流加热使铝熔化。加热速度快，无火焰，不用焊剂	适用于中小型电机扁线焊接，也可用于各种截面的绞线，是一种比较先进的焊接方法	设备相对复杂，造价高

在使用铜铝接头时，必须要注意温度的影响，将闪光焊的冷压焊接的接头作冲击试验后，发现冷压焊的接头较闪光焊的接头更快地发脆，如图8-19所示。在200℃时，闪光焊接头经1000~2000h老化后发脆，但冷压后接头只有6~7年就发脆了。出现这种情况，原因是冷压焊接头在制作时只加压不加热，所以含有高度密集的位错、杂质与空腔。这种晶格缺陷增加了铝、铜原子的相互扩散并形成铝铜合金层；另一方面，闪光焊接头是既加热又加

压制成的，焊接时的高温亦有助于消除过渡的位错。所以，理论和实践都说明，闪光焊接头经过较长时间才脆变。

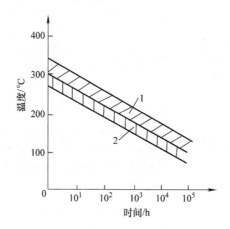

图 8-19　闪光焊与冷压焊接头从韧性到脆性的变化
1—闪光焊变化区　2—冷压焊变化区

电容储能焊和摩擦焊的结合机理与闪光焊相似。任何铜铝过渡接头如果不加热，也不排除杂质或铜铝合金层，就会出现像冷压焊接头那样的情况。预制的铜铝过渡接头长期使用的工作温度不应超过 125℃，以防止铜、铝原子相互扩散和形成铜铝合金而可能发生脆变。

同理，为了保证过渡接头的寿命，在与铝线绕组引出线焊接时，必须采用有效的措施，以使铜铝过渡接头的焊缝区的短时间温度不至于过高（一般不宜超过 250℃）。因此，必须注意以下两点。

1）过渡接头截面积不同，焊缝区域的温度影响也会不同，截面积越大，加热时间越长，需要特别加强降温措施。宜采用加热时间短、焊接速度快、热量集中、热影响区域小的焊接方法。例如焊接大截面的过渡接头时，应尽量采用氩弧焊，而不用普通气焊。同时用石棉缠绕过渡接头焊缝区的外侧，加水不断冷却。

2）施焊处距过渡接头焊缝区越近，则温度越高。若新焊缝与过渡接头焊缝区太近，则焊接时必然会使铜铝接头结合面温度超过 250℃，出现脆性铜铝合金层。因此，铜铝过渡接头应根据具体情况，选用合适的长度。

8.4　接线端子的连接

一般电动机均在其引出线端连接一个接线端子。它与引线的连接可以采用冷压法和锡焊法。

1. 冷压法

用专用的冷压钳压接线端子的颈部，如图 8-20a 所示。图 8-21 给出了几种常用的冷压钳实物图。

2. 冷压加锡焊法

先用钳子夹或锤子砸等方法将端子颈部压紧，如图 8-20b 和图 8-20c 所示。然后用下述方法之一进行搪锡，使其更加牢固和接触良好。

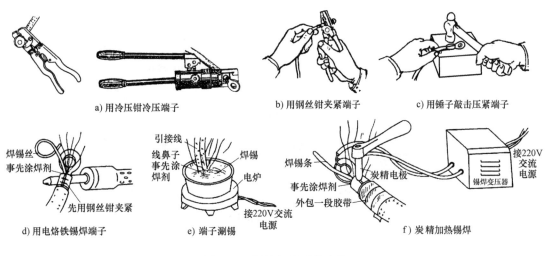

a) 用冷压钳冷压端子 b) 用钢丝钳夹紧端子 c) 用锤子敲击压紧端子

d) 用电烙铁锡焊端子 e) 端子涮锡 f) 炭精加热锡焊

图 8-20 导线与端子的连接

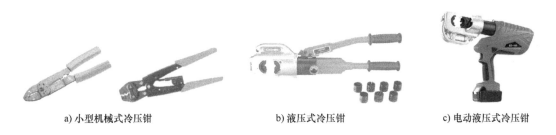

a) 小型机械式冷压钳 b) 液压式冷压钳 c) 电动液压式冷压钳

图 8-21 常用冷压钳实物图

1）用电烙铁对端头加热并灌入焊锡。为使锡易流入内部，事先应在导线端涂适量中性焊剂或将线端先上锡（镀锡软线不必要），如图 8-20d 所示。

2）涮锡法。先将端子压在线端并涂适量中性焊剂，然后头朝下插入已熔化的锡液中，待焊剂受热所冒出的烟消失后拿出，如图 8-20e 所示。

3）炭精加热锡焊法。此方法需备用一套炭精锡焊机。主要用于较大直径导线的焊接。为避免焊剂流到导线端部外层绝缘上和由于过热起火烧损导线外层绝缘，应事先在导线端部包扎 5mm 左右的胶带（焊好后拆下）。一条线接于端子头部，炭精电极顶在端子颈部。很快，炭精电极就会发热变红，端子上涂的焊剂开始熔化冒烟，使端子头部上翘，将锡条抵在端子上使其熔化并流入端子颈内部，如图 8-20f 所示。

8.5 导线和电缆的截取

较细的导线可用钢丝钳、偏口钳、剪刀等工具截断。切断较粗导线或电缆时，则需要使用专用的断线钳（剪）。图 8-22 给出了几种切断较粗导线或电缆切线钳（剪）实物图。

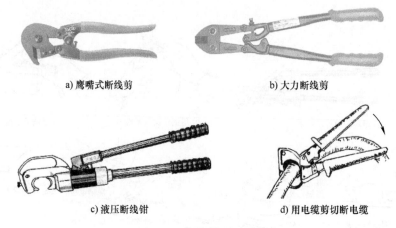

a) 鹰嘴式断线剪

b) 大力断线剪

c) 液压断线钳

d) 用电缆剪切断电缆

图 8-22　断线钳和电缆剪

第9章

定转子在浸漆前的电气试验

定子和绕线转子在嵌线、接线和端部包扎完成后形成的产品，被称为电机的"电工半成品"，有些地区还将其称为"定子白坯"和"转子白坯"。在电机生产过程中，下一道工序是浸漆。在进入到浸漆工序之前，应对定子和绕线转子进行下列必要的检查和试验，以发现和找出因所用材料不良或操作不当而造成的缺陷，并设法处理解决。否则，待浸漆烘干固化后再发现故障时，则很难处理，甚至不能处理而要花大力气拆除刚刚嵌入的绕组，造成材料和人工的大量浪费。

有关嵌线、端部整形、接线和绑扎后的定转子外观质量的检查，已在相应部分进行了介绍，本章则只讲述电气试验部分，内容包括试验项目、试验用仪器仪表和设备、试验方法以及相关标准，其中有些判定标准是国家或行业标准中规定的，有些是企业根据自己的经验自定的（这些规定供参考选用）。

另外，在本章还将介绍一些试验中发现不正常现象时的原因分析和处理方法。

9.1 测量绕组的直流电阻

9.1.1 仪表的选用和测量方法

用电阻电桥或数字电阻测量仪（见图9-1，其使用方法详见产品说明书）进行测量。应测量每一相绕组的直流电阻值，同时测量环境温度，如图9-2所示。所选用的电阻测量仪表量程应满足被测绕组直流电阻的数值，其准确度应不低于0.2级。图9-1a给出的QJ23型单臂电桥（单臂电桥又称为惠斯通电桥）适合测量1Ω及以上的电阻，在100~99990Ω范围内准确度等级为0.2级；图9-1b给出的QJ44型双臂电桥（双臂电桥又称为开尔文电桥）有效量程为0.0001~11Ω，在0.01~11Ω范围内的准确度为0.2级；图9-1c给出的数显式直流电阻测量仪的准确度可达到0.1级，使用时操作比较简单，已广泛应用。无论使用哪种测量仪表，都要注意仪表与绕组线端的连接要接触良好，引接线尽可能短而粗，另外，测量时间不应过长，以免绕组在通电情况下温度升高而影响测量准确度。

9.1.2 相关计算和判定合格的标准

1. 三相不平衡度的计算和合格标准

计算三相绕组直流电阻的不平衡度 ΔR，计算结果应不超过 $\pm 2\%$（企业标准，供参考）。

三相电阻不平衡度是三相实测电阻 R_1、R_2、R_3 中最大（R_{max}）或最小（R_{min}）的一个数值与三相平均值 $R_P = (R_1 + R_2 + R_3)/3$ 之差占三相平均值 R_P 的百分数，用 ΔR 表示，即

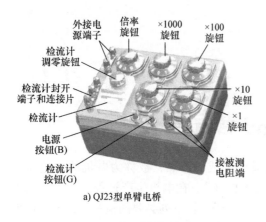

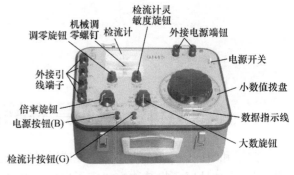

a) QJ23型单臂电桥　　　　　　　　　　　b) QJ44型双臂电桥

c) 数显式直流电阻测量仪

图 9-1　直流电阻测量仪表示例

$$\Delta R = \frac{R_{max} - R_P}{R_P} \times 100\% \quad \text{或} \quad \Delta R = \frac{R_{min} - R_P}{R_P} \times 100\%$$

(9-1)

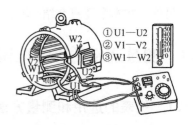

图 9-2　绕组直流电阻的测量

2. 数值大小的标准值与判定

数值大小与标准值（同规格正常产品数值）相差应不超过标准值的 ±2%（企业标准，供参考）。比较时，要将实测值折算到与标准值同一温度时的数值。计算方法如下：

设标准电阻 R_b 是温度为 t_b（℃）时的数值，实测的电阻值为 R_s，测量时温度为 t_s 时，则折算到标准电阻温度 t_b（℃）时的电阻 R_{sb}，可用下式计算求得（其中的 α 为电阻温度系数，对于铜绕组 $\alpha = 0.0039$/℃；铝绕组 $\alpha = 0.004$/℃）：

$$R_{sb} = R_s[1 + \alpha(t_b - t_s)]$$

(9-2)

应用举例如下：

在温度为 $t_s = 20$℃时，测得一相绕组（铜，$\alpha = 0.0039$/℃）的电阻为 10.0Ω；标准电阻 $R_b = 10.3$Ω（温度 $t_b = 25$℃）。请求该相绕组的直流电阻是否合格。

解：先利用下式将实测的电阻值折算到与标准电阻相同温度时的数值，即

$$R_{sb} = R_s[1 + \alpha(t_b - t_s)] = 10 \times [1 + 0.0039 \times (25 - 20)]\Omega = 10.2\Omega$$

再用上述计算结果与标准值相比较，即

$$[(10.2 - 10.3)\Omega/10.3\Omega] \times 100\% = -0.97\%$$

计算结果在标准电阻值的 ±2% 以内，说明该相绕组的直流电阻的大小合格。

在电机试验中，用式（9-3）代替式（9-2）来计算，和式（9-2）的不同点在于用被测导体 0℃时电阻温度系数的倒数 K 来"替换"温度系数 α。

$$R_{\text{sb}} = \frac{K + t_{\text{b}}}{K + t_{\text{s}}} R_{\text{b}} \tag{9-3}$$

K 的数值，对电解铜（电机用铜绕组属于电解铜），$K = 235$；对纯铝，$K = 225$。同样是前面给出的实测值、标准值和温度，用式（9-3）计算得到的折算电阻值也为 10.2Ω。当然，判定结果也是相同的。

9.1.3 测量数值不合格时的原因分析

当测量数值有不允许的偏差时，可能的原因有：

1）中间连线不实，即有虚接处；

2）一匝多股的绕组，接线时有的线股未接上或中间有断股现象，如图9-3所示；

3）导线粗细不均或电阻率有少量差异（偏差的数值较小）；

4）匝数多少有误；

图9-3 连线焊接时有的线股未接上

5）实测值与正常值成倍数的关系，则说明接线时的并联支路数出现了错误，例如将 2 路并联接成了 1 路串联，则实测值将是正常值的 4 倍，如图9-4所示。

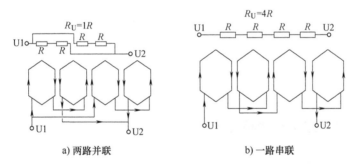

a) 两路并联　　　　　　b) 一路串联

图9-4 一相绕组中线圈连线错误示例

9.2 测量热传感元件和防潮加热带的电阻

9.2.1 埋置的热传感元件

使用万用表的 $R \times 1$ 档（对于数字式万用表，应使用 200Ω 左右的量程）进行测量。对与温度成线性关系的元件（主要是热电阻，例如 Pt100），应同时测量环境温度。一般要求测量时所加电压不应高于 2.5V。

所得电阻值应在该产品样本或说明书给出的范围之内。

9.2.2 防潮加热带（管）

为了避免绕组受潮影响正常工作，有些在特殊环境下使用的电动机，将一种如图9-5所示专用的防潮加热带（管），或称为空间加热带（管）放置在电动机外壳内，用于烘干潮气。使用加热带时，是在绕组嵌线后，在绑扎端部时将其包裹在绕组端部（见图9-5c），其两条引出线连接在电动机接线盒内的专用端子上。该加热带用交流工频220V或380V供电。确认其是否正常的方法是测量它的直流电阻。其正常阻值 R（Ω）与其额定功率 P（W）和额定电压 U（V）有关，应符合式 $R = U^2/P$ 计算所得到的数值，容差一般为 $\pm 10\%$。

例如：额定功率 $P = 45W$，额定电压 $U = 220V$，则其电阻值 $R = (U^2/P) \times (0.9 \sim 1.1) = (220^2/45) \times (0.9 \sim 1.1) = 968 \sim 1183\Omega$。

防潮加热管则放置在机壳下部适当的位置。

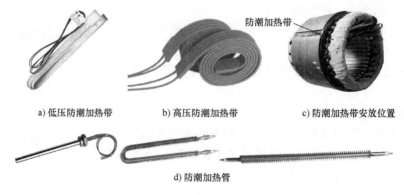

a) 低压防潮加热带　　　　b) 高压防潮加热带　　　　c) 防潮加热带安放位置

d) 防潮加热管

图9-5　防潮加热带和加热管

9.3　测量绝缘电阻

9.3.1　测量项目、方法和合格标准

1. 测量项目和测量方法

要测量的绝缘电阻，包括绕组对机壳、各相绕组之间（对于多极使用多套绕组的，还包括各极绕组之间）、在绕组中埋置的热敏元件、设置的空间加热带（管）等与机壳和各相绕组之间的绝缘电阻。

根据电动机额定电压的高低选用不同规格的绝缘电阻表（详见第1章1.6.4节）。应分别测量三相对地和各相之间的绝缘电阻（当三相的头尾6个线端都引出时），接线如图9-6a所示。

2. 合格标准

在国家标准 GB/T 14711—2013《中小型旋转电机通用安全要求》中，对新生产的电动机规定为：对于低压电动机（额定电压在1000V及以下的电机），绝缘电阻应在5MΩ以上；高压电动机（额定电压在1000V以上的电机）应不低于50MΩ。对于电工半成品，国家和行业没有硬性规定，但作者建议遵照上述规定执行。

9.3.2　绝缘电阻不合格的原因分析及处理方法

若绝缘电阻值为零，对地短路者多发生在槽口处；相间短路者多发生在端部。槽口发生对地短路时，可用划线板撬起导线，将一片绝缘纸插入槽内，如图9-6b所示。当相间发生短路时，可更换相间绝缘。

绝缘电阻较低主要有两方面的原因：一是绕组及绝缘材料受潮，可烘干后再测试，如有所提高并达到理想值，则认为合格；二是部分绝缘性能不良或有轻微损伤，应拆开各相连线后，逐段查找，查出后更换绝缘。

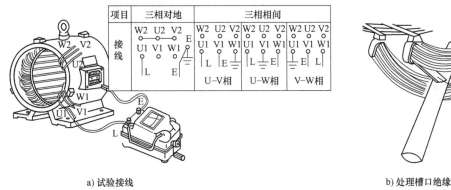

项目	三相对地	三相相间		
接线	W2 U2 V2 U1 V1 W1 L E	W2 U2 V2 U1 V1 W1 L E U–V相	W2 U2 V2 U1 V1 W1 L E U–W相	W2 U2 V2 U1 V1 W1 E L V–W相

a) 试验接线　　　　　　　　　　　　b) 处理槽口绝缘

图9-6　测量绝缘电阻和绝缘处理

9.4　对地和相间耐电压试验

耐电压试验是介电强度试验的俗称，在行业中习惯简称其为打耐压，一般指耐工频正弦交流电压试验。

9.4.1　耐交流电压试验设备及试验方法

1. 对仪器设备的要求

耐电压试验应用专用的试验仪器设备进行。图9-7和图9-8分别给出了低压和高压试验仪器设备的外形和电路原理图。在国家标准中，对该类仪器设备的要求是：

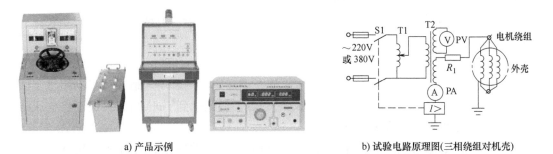

a) 产品示例　　　　　　　　　　b) 试验电路原理图(三相绕组对机壳)

图9-7　低压电机用耐电压试验设备实物示例和电路原理图

1）输出电压应为正弦波，一般为交流50Hz。

2）用于低压电机的试验设备，其高压变压器的容量按输出电压计算，每1kV不少于1kV·A。例如对380V电机定子绕组接线后的耐电压试验值应为2260V，则高压变压器的容

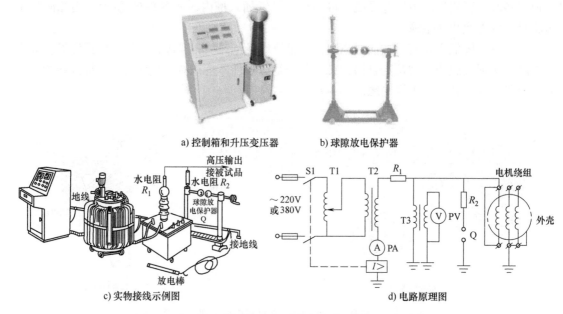

a) 控制箱和升压变压器   b) 球隙放电保护器

c) 实物接线示例图   d) 电路原理图

图 9-8　高压电机用耐电压试验设备实物示例和电路原理图

量应不小于 2.3kV·A，一般选用 3kV·A 的。

3) 高压电机的试验设备，其高压变压器的容量也可按输出电压计算，在相关标准中规定，每 1kV 不少于 0.5kV·A，但实践证明，这一规定不能满足要求，需要适当加大。

另外，高压电机试验设备需要在高压输出端配置限流电阻（或称为保护电阻，见图 9-8d 中的 R_1），其阻值按每伏试验电压 0.2~1Ω 设置，一般采用水电阻。

还有，高压电机试验设备需要配置球隙放电保护器（图 9-8b 和图 9-8d 中的 Q），用于防止对被试品加过高的电压，一般在试验前进行调整，使之在电压达到 1.1~1.15 倍试验电压时放电；图 9-8d 中的 R_2 是球隙保护电阻，一般按每伏试验电压 1Ω 选配，也常用水电阻。

4) 试验电压应从高压侧取得。可使用如图 9-7b 所示的变压器 T2 二次的专用测量线圈或如图 9-8d 所示的电压互感器（T3）。

5) 应有击穿保护（跳闸）装置和高压泄漏电流显示装置，有明显的声光警示装置，应有可靠的接地系统。

2. 仪器设备使用方法和注意事项

1) 试验时，加电压应从不超过试验电压的一半开始，然后均匀地或每步不超过全值的 5% 逐步升至全值，这一过程所用时间应不少于 10s。加压达到 1min 后，再逐渐将电压降至试验电压的一半以后才允许关断电源。

2) 为防止被试绕组储存电荷放电击伤试验人员，试验完毕，要将被试绕组对地放电后，方可拆下接线，这一点对较大容量的电机尤为必要。

3) 试验时，要高度注意安全。为此，要做到非试验人员严禁进入试验区；试验人员应穿戴好安全防护用品（如绝缘鞋和绝缘手套等），要分工明确、统一指挥、精力高度集中，所有人员距被试电机的距离都应在 1m 以上；除控制试验电压的试验人员能切断电源外，还应在其他位置设置可切断电源的装置（例如脚踏开关），并由另一个试验人员控制。

4）对于高压电机的耐电压试验，因为电压非常高，试验过程中会产生一定浓度的臭氧，该气体对试验人员的健康有害，所以，试验区域内应设置排气设备。

5）对低压电机浸漆前的试验接线见图9-9给出的示意图，其中高压接线端子 L 为仪器高压输出端，接地端子 E 为仪器输出接地端。需改变接线进行 3 次试验，才能将每相之间和各相对地的耐电压试验完成。

6）对高压试验设备，试验前应按被试电机应施加的电压值，调节球隙放电保护器的放电间隙：在试验高压变压器输出电压为 1.1 ~ 1.15 倍试验电压时开始在球隙之间出现放电现象为合适。另外，还要注意起保护作用的水电阻（若使用）的水位是否能使其电阻值达到规定的要求，不符合时，应添加或更换其中的水。

7）试验完毕关断试验电源后，应先将绕组对地放电后再拆线。

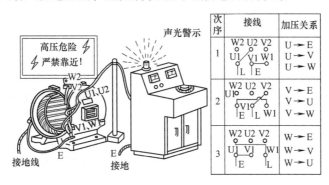

图9-9　低压电机耐交流电压试验和接线示意图

9.4.2　耐交流电压试验合格标准

对于一般低压电动机，加电压值按式（9-4）求得（式中的 U_N 为电动机额定电压，对于多电压的电动机，取其最高值），但不应低于 2000V，其他电动机（例如高压电动机）另有规定的，按专门规定。

$$U_G = 2U_N + 1500V \tag{9-4}$$

例如，$U_N = 380V$，则 $U_G = 2 \times 380V + 1500V = 2260V$；$U_N = 380/660V$，则 $U_G = 2 \times 660V + 1500V = 2820V$。

在电机生产部门和电机修理企业，在维修电机绕组后，对部分更换绕组的定子或第二次试验时，应取式（9-4）计算值的 80%。

一般规定，试验中不发生击穿或闪络即为合格。在 GB/T 14711—2013 中则规定：对低压电机，高压泄漏电流不大于 100mA 为合格；对高压电机，按产品技术条件的规定。

9.5　绕组匝间耐冲击电压试验

9.5.1　有关说明

绕组匝间耐冲击电压试验，是将一相绕组两端施加一个直流冲击电压，检查绕组线匝相互间绝缘耐电压水平的试验。同时也可检查绕组与相邻其他电器元件和铁心等导电器件之间的绝缘情况。

实践证明，电机在运行中所出现的绕组烧毁，特别是突发性的烧毁故障，大部分是由于绕组局部匝间绝缘失效所造成的，并且这种突然失效往往与出厂前已存在绝缘水平不足的先天性隐患有关。而这些隐患绝大部分可通过进行匝间耐冲击电压试验来发现。所以，作为电机生产和修理单位，对其认识都逐渐提高，并在积极地开展本项试验工作。

不同类型电机的绕组试验方法及所加冲击电压值按不同的试验标准进行。

本试验在电机生产的各个工序中均可进行，也可只选择其中某几个工序进行试验。试验所处工序和工序冲击试验电压峰值由企业自定。

在试验方法和试验结果判定方面，本书主要介绍低压电机散嵌绕组部分，对低压电机成型绕组简要介绍。

9.5.2 所用仪器及使用方法

1. 试验仪器的类型

对绕组进行匝间耐冲击电压试验所用仪器简称为"匝间仪"。其规格按输出最高电压（直流峰值）划分，常用的有 3kV、5kV、6kV、10kV、15kV、35kV 等几种。应按被试产品所要求试验电压的高低选择仪器的规格。

图 9-10 是几种国产匝间仪的外形。输出引线有三相四线或三相三线两种。

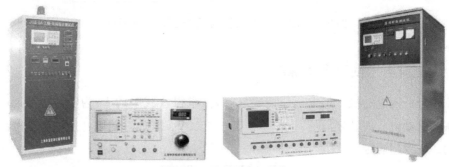

图 9-10　几种国产匝间仪

2. 仪器的使用方法及注意事项

不同厂家或不同规格的仪器使用方法是有所不同的，但其主要操作过程是相同的。现简述如下。

1）将仪器可靠接地。被试品可接地，也可不接地（有特殊要求者除外）。但如采用接地方式，则必须连接可靠，不得虚接，否则在试验时可能出现杂乱波形，影响对试验结果的判断。

2）接通电源，打开仪器电源开关。

3）仪器预热一段时间（一般为 5~10min）后，其内部时间继电器接通高压电路，此时高压指示灯亮。仪器需预热的原因是其使用了电子管式闸流管，其灯丝需要加热到一定温度后才能工作。若仪器是用晶闸管作为开关器件的，则无需预热。

预热完成后，则可对电机进行加电压试验。

4）调整好示波器图像（未加电压前是一条水平直线）的位置和亮度、清晰度；按被试电机所需电压设定显示电压波形的比例（每格电压数）。用其自校功能键核定调出的电压波形和设定电压比例的一致性。

5）按电机或绕组类型选择接线方法，并接好线。

6）闭合高压开关，给被试绕组加冲击电压。观察示波器显示的波形。判断是否有匝间短路等故障。

7）断开高压开关，对被试绕组对地放电后，拆下引接线。

8）试验全部完成后，断开电源开关。

9.5.3 试验相关标准

1. 交流低压电机散嵌绕组试验标准

交流低压电机散嵌绕组进行匝间耐冲击电压试验的相关标准为 GB/T 22719.1—2008《交流低压电机散嵌绕组匝间绝缘 第1部分：试验方法》和 GB/T 22719.2—2008《交流低压电机散嵌绕组匝间绝缘 第2部分：试验限值》。这里所说的"交流低压电机"，是指额定电压为1140V及以下的交流电机，其绕组用绝缘铜线或铝线绕制的线圈组成。

2. 交流低压电机成型绕组试验标准

交流低压电机成型绕组进行匝间耐冲击电压试验的相关标准为 GB/T 22714—2008《交流低压电机成型绕组匝间绝缘试验规范》。该标准适用于额定电压为1140V及以下的中小型电机。

3. 交流高压电机成型绕组试验标准

目前还没有交流高压电机绕组浸漆前进行匝间耐冲击电压试验的相关标准。若想进行该项试验，作者建议参照 GB/T 22714—2008 进行。

9.5.4 低压电机散嵌绕组试验方法和试验电压

1. 绕组试验接线方法

三相绕组6个线端都引出时，可按图9-11a所示接法，称为相接法，它较适用于无换相装置的老式两相三线匝间仪（现已很少使用），并需人工倒相。三相绕组已接成丫或△时，则可按图9-11b～e所示的方法接线。

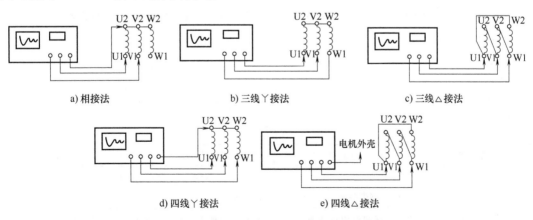

a) 相接法　　　　b) 三线丫接法　　　　c) 三线△接法

d) 四线丫接法　　　　e) 四线△接法

图9-11 三相交流电机绕组匝间耐电压试验接线方法

2. 试验方法

（1）冲击试验电压输入方向

冲击试验电压的输入方向应根据运行时电源与电机接线端子的实际接线方式进行选择。

1）对具有一种额定电压的单速电机，若接线方向固定（例如电机绕组内部已接成丫或△），冲击试验电压应从接电源端子输入绕组；若其有多种接线方式而电源进线方向不固定（例如可从 U1、V1、W1 端子进线，也可从 U2、V2、W2 端子进线），冲击试验电压应分别从可能的几种电源进线方向输入绕组。

2）对具有多种额定电压的单速电机，冲击电压应从每种额定电压的接线方式及可能的几种电源进线方向输入绕组。

3）对变极多速三相异步电动机，冲击电压应从每种转速的接线方式及可能的每种电源进线方向输入绕组。

（2）试验时间

标准中规定，每次试验的冲击次数应不少于5次。但因为其次数的计量不易准确，所以一般控制在 1~3s 之间，有必要时，还可加长。

3. 冲击试验电压值

冲击试验电压值在国家标准 GB/T 22719.2—2008《交流低压电机散嵌绕组匝间绝缘 第 2 部分：试验限值》中规定。

对组装后的电机试验时，所加冲击电压（峰值）U_Z 按式（9-5）计算。计算值修约到百伏。

$$U_Z = \sqrt{2}KU_G \tag{9-5}$$

式中　K——电机运行系数（见表 9-1）；

U_G——成品耐交流电压值，单位为 V（对一般电机为 2 倍额定电压 +1000V，对特种电机见相关规定）。

例如，对一般运行的电机，当 $U_N = 380V$ 时，$U_G = 2U_N + 1000 = 2 \times 380V + 1000V = 1760V$，则

$$U_Z = \sqrt{2} \times 1 \times 1760V = 2464V$$

修约到百伏后为 2500V。

表 9-1　交流低压散嵌绕组（电机成品）匝间冲击电压试验电压值的计算系数 K

运行情况或要求	K	运行情况或要求	K
一般运行	1.0	剧烈振动、井用潜水、井用潜油、井用潜卤、高温（≥180℃）运行、驱动磨头（装入磨床内直接驱动砂轮）	1.20
浅水潜水	1.05		
湿热环境、化工防腐、高速（>3600r/min）运行、一般船用	1.10		
隔爆增安	1.05~1.20	特殊船用、耐氟制冷	1.30
屏蔽运行 频繁起动或逆转	1.10~1.20 （根据实际工况选用）	特殊运行（可根据生产厂与用户协商确定）[1]	1.40

[1] 鉴于变频电源供电的交流电动机绕组可能遭受电源脉冲高压的现实，作者建议将其列入特殊运行一类中，即 $K = 1.40$。

对本章讲述的生产阶段进行试验时，所加冲击电压值可不同于式（9-5）计算所得值。增减比例由生产厂自定，一般取式（9-5）计算值的 85% ~ 95%。

9.5.5　试验结果（显示波形）的判定及不正常的原因分析

此种试验方法是根据仪器示波器显示的波形曲线的状态，来判定绕组是正常还是可能有匝间、相间或对地短路故障。下面介绍通过仪器显示的试验波形来判定被试电机本项试验是否可以通过的内容。

1）若两个绕组都正常时，两条曲线将完全重合，即在屏幕上只看到一条曲线，如图 9-12a 所示。

2）若两条曲线不完全重合（严格地讲是未达到"基本重合"），则有可能是被试的两个绕组存在匝间短路故障或电路、磁路参数等存在差异，也可能是仪器和接线方面的故障造成的。

下面给出几种典型的情况供参考。

1）两条曲线都很平稳，但有小量差异，如图 9-12b 所示，可能是由下述原因造成的：

① 和总匝数相比，有极少量的匝间已完全短路（导体已直接相连，形成电的通路，也称为"金属短路"），这种故障一般在匝数较多的绕组中出现。

② 由于原始设计缺陷、加工工具缺陷、所用材料性能参数或生产工艺波动等原因造成的，如定子铁心槽距不均、铁心导磁性能在各个方向上不一致、绕组端部整形不规则等。

③ 对于有较多匝数的绕组，其中一相绕组匝数略多或略少于正常值。

④ 对于多股并绕的线圈，在连线时，有的线股没有接上或结点接触电阻较大，此时两个绕组的直流电阻也会有一定差异。

⑤ 由两个闸流管组成的匝间仪（现已较少使用），在使用较长时间后，会因两个闸流管或相关电路元件（如电容器的电容量及泄漏电流值等）参数的变化造成加载时输出电压有所不同或振荡周期不同，从而使两条曲线产生一个较小的差异，此时，对每次试验（如三相电机的 3 次试验）都将有相同的反应。但应注意，该反应对容量较大的电机会较大，对容量较小的电机可能不明显。

⑥ 仪器未调整好，造成未加电压时两条曲线就不重合。

⑦ 被试绕组与仪器之间的连线某些连接点接触不良，使相关线路直流电阻加大。

2）两条曲线都很平稳，但差异较大，如图 9-12c 所示。可能是由下述原因造成的：

① 两个绕组匝数相差较多或其中一个绕组内部相距较远（从线圈匝与匝的排列顺序上来讲较远，例如总计 100 匝的绕组中的第 1 匝和第 80 匝）的两匝或几匝已完全短路，此时两个绕组的直流电阻会有较大差异。

② 两个绕组匝数相同，但有一个绕组中的个别线圈存在头尾反接现象，此时两个绕组的直流电阻会基本相同，但交流电抗却会相差很多（有线圈头尾反接的绕组交流电抗要比正常的小很多）。

3）一条曲线平稳并正常，另一条曲线出现杂乱的波形，如图 9-12d 所示。其原因如下：

① 曲线出现杂乱波形的绕组内部存在似接非接的匝间短路，在高电压的作用下，短路点产生电火花，如发生在绕组端部，则可能看到蓝色的火花，并能听到"吱、吱"的放电

声。若将端盖拆下，可借助一段塑料管将较小的放电声音传到耳朵里，寻找短路放电部位，如图 9-13 所示。

② 仪器接线松动或虚接。此时在电机绕组处听不到任何异常声响。

4）两条曲线都出现杂乱的波形，如图 9-12e 所示。原因有如下两个：

① 被试的两个绕组都存在匝间短路故障。

② 当铁心采用接地方式放置时，接地点松动不实。

5）只有一条振荡衰减曲线，另一条还是原来的一条直线，如图 9-12f 所示，则是有一相绕组断路或仪器与绕组的引接线断开或一路无输出电压等原因造成的。

当找到端部匝间或相间击穿点时，可用槽绝缘纸垫入击穿部位进行隔离，如图 9-14 所示。也可对击穿的导线进行绝缘包扎处理。

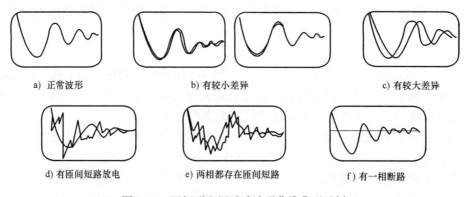

a) 正常波形　　　　　　　　b) 有较小差异　　　　　　　　c) 有较大差异

d) 有匝间短路放电　　　　e) 两相都存在匝间短路　　　　f) 有一相断路

图 9-12　匝间耐电压试验波形曲线典型示例

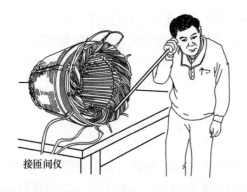

接匝间仪

图 9-13　借助塑料管听较小的匝间短路放电声

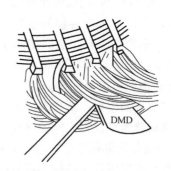

DMD

图 9-14　对端部匝间击穿部位进行绝缘补救

9.5.6　低压成型绕组电机的试验规定

1）嵌线前试验，在每只线圈嵌入铁心槽之前，任取两只线圈分别作为被试品和参照品，在两只线圈首尾引出线间施加规定数值和时间的冲击电压，用波形比较法判断线圈是否有匝间短路现象。

2）线圈嵌线后接线前试验，在每只线圈嵌入铁心槽后连成绕组之前，依次任取两只线圈分别作为被试品和参照品，在两只线圈首尾引出线间施加规定数值和时间的冲击电压，用波形比较法判断线圈是否有匝间短路现象。

3）冲击电压峰值。冲击电压峰值 U_Z 计算公式同式（9-5），但式中的 K 为工序系数，在浸漆前其值可以自定（标准中规定在浸漆后为 1.0~1.2，可供参考）。

4）试验时间、次数和试验工序规定如下：

① 对每只线圈只须进行一次试验。

② 每次试验时间为 1~3s。允许采用更长的时间。

③ 对电机绕组中的每只线圈，在不同工序中允许进行多次试验，其电压值不变。

④ 本项试验在电机生产中的各个工序均可进行，也可只选其中某几个工序进行。具体试验工序由制造厂规定。

⑤ 允许以装配前的绕线转子绕组和定子绕组分别进行试验代替电机整机试验。

9.6 用绕组短路（或断路）侦察器检查绕组匝间绝缘情况

9.6.1 绕组短路（或断路）侦察器的制作

绕组短路（或断路）侦察器，简称为"绕组侦察器"，实际上是一个特殊的开口变压器，可用于定子绕组匝间短路检查，此时被称为"绕组匝间短路侦察器"；也可用于转子断条（断路）检查，此时被称为"转子断条侦察器"。它是电机修理行业（特别是小型和个体修理单位）一种常用的简单实用检查仪，一般为自制。图 9-15 为其外形及尺寸图。其铁心为 H 形，用 0.35mm 或 0.5mm 厚的硅钢片制成。有关尺寸数据计算方法如下。

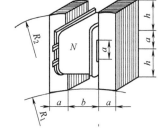

图 9-15 绕组侦察器的制作数据

1）R_1 为被测转子外圆半径，因为一般要适用几个不同直径的转子，所以 R_1 可取其中间值。R_2 为被测定子内圆半径，可与 R_1 取同样的值，若另有用途，可单独考虑。

2）铁心截面积（与转子铁心接触的面）应根据所测电机的功率来确定。电机功率大，铁心截面积也要大些。其中 a 尺寸应等于转子铁心齿宽；b 尺寸最好等于 1 个槽宽，槽宽过小时，可放到 2 个槽宽（含齿宽）。

50kW 以下电机，铁心截面积可为 6~12.5cm²；50kW~500kW 电机，铁心截面积可为 13~40cm²。

考虑到硅钢片的叠压系数为 0.9，则铁心净截面面积 S_H（cm²）与几何面积 S（cm²）的关系是 $S_H = 0.9S$。

3）铁心叠厚 $c = 100S/a$（mm）。

4）励磁线圈匝数 N（匝）用下式计算（所用电源电压 U 为 220V，磁通密度 B 取 11.35T）：

$$N = \frac{3600}{S_H} = \frac{4000}{S}$$

5）线圈导线直径 $d = 0.9\sqrt{I}$（mm）。式中，$I = 0.64S_H/U$（A），为励磁线圈电流。

6）铁心窗口面积 $S_0 = bh$（mm^2）。

7）铁心窗口高度 h（mm）应根据线圈厚度 h'（mm）来确定，可比 h' 大20mm左右。h' 应包括外层绝缘及包扎物。

应确保绝缘可靠以保证使用时的安全。为此，应进行浸漆等绝缘处理，并进行1500V、1min的耐电压试验后不击穿。

9.6.2 用侦察器查找定子绕组匝间短路线圈的方法

用绕组短路侦察器查找定子绕组匝间短路点的方法步骤如下。

三相绕组之间的连线打开，即头尾均敞开。

将侦察器"骑"在一个定子槽口上，如图9-16所示。逐槽移动并观看电流表的示值，若示值较其他处大得较多，则侦察器所"骑"槽内的线圈有匝间短路故障。若不接电流表，可在侦察器所"骑"槽内线圈的另一条边所处槽的槽口上放一段铁片（可用废钢锯条），当该铁片产生较大振动和响声时，说明该线圈内有匝间短路故障。

此方法同样适合于检查绕线转子绕组匝间绝缘短路的情况。

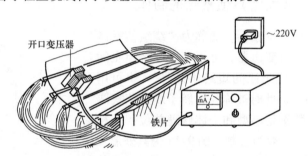

开口变压器

~220V

mA

铁片

图9-16 用绕组侦察器查找定子绕组的匝间短路故障

9.7 三相电流平衡情况的检查

如没有上述匝间耐冲击电压试验的条件，可通过三相电流平衡性检查（企业中将其简称"平电流试验"），发现与三相绕组匝数不等、匝间短路（比较严重的）、相间短路、线圈头尾反接等故障。

试验所用的试验设备电路接线如图9-17a所示，其中T为三相电源调压器；图9-17b给出了一台由3个同轴联结的单相自耦调压器组成的三相电动调压器的实物（较常见的品种是手动调压的），用于较小容量的电动机；图9-17c给出了一台三相感应调压器的实物。因为本试验需要的电压比较低，一般只需要几十伏，所以在选购时，应选择输出最高电压在100V以下、额定输出电流接近或略大于被试电机中额定电流最大值。

将电动机定子三相绕组接成星形或三角形（只有已接成三角形联结的电动机才用此接法），通入三相交流电。调节输入电压，使电流在被试电机额定电流值左右。

在三相电压平衡的情况下，三相电流的不平衡度 ΔI（%）不应超过 ±3%，若较大，则可能存在与三相绕组不平衡有关的故障；电压过高或过低，则说明可能存在接线错误，此时直流电阻的大小也可能会不正常。

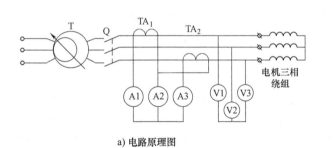

a) 电路原理图　　　　　　　　　　b) 三相电动自耦调压器　　　c) 三相感应调压器

图 9-17　三相电流平衡性试验电路和三相调压器

9.8　对出线相序或磁场旋转方向的检查

当对电动机的相序或旋转方向有明确要求时，应检查其是否正确，可采用假转子法或钢珠法。事先应确定电源的相序。在试验时，定子应通过调压器或其他设备提供较低的电压。

9.8.1　假转子法

将一个微型轴承装在一根塑料棒或木棒的一端，或在易拉罐、小圆铁（或铝）盒等圆柱形金属盒两端中心各打一个孔，用一根圆铁丝穿过两孔做轴，并将铁丝的两端弯成腿状，做成一个假转子，如图 9-18a 所示。

将假转子放入定子内膛中，如图 9-18b 所示。给定子通较低电压的三相交流电（以电流不超过被试电动机额定值的 1.2 倍为准）。使用轴承时，轴承会被定子铁心吸引，可在手柄轴承端安装一个支架（如图所示），使轴承能够悬空，使用时可比较省力。用铁丝作支架的圆筒假转子，在电机通电时其铁丝支架可被吸引在铁心内膛的任何部位，所以不用手扶，安全可靠，并且旋转灵活（可使用较低的电压）。

a) 假转子

b) 微型轴承假转子法　　　　　　c) 钢珠法
图 9-18　用假转子或钢珠检查相序和接线的正确性

若该假转子能顺利起动（可用工具拨动它一下，帮助它起动）并旋转起来，则它的旋转方向即为将来真转子的旋转方向。由此可判定该定子三相出线相序是否正确。

若不能起动，可略提高电压，若仍不起动，或抖动而不转动，则说明定子接线有错误。

9.8.2　钢珠法

用一个 $\Phi 10 \sim 20mm$ 的废轴承钢珠，放入定子内膛中。定子通入三相交流电后，用工具拨动钢珠，若它能紧贴定子内膛旋转起来，则说明三相绕组接线是正确的（但不能判定支路数是否正确），如图9-18c所示。**它在定子内膛圆周上旋转的反方向是将来电动机转子的正方向，此点应给予注意。**

若不能起动，可略提高电压，若仍不起动，或抖动而不转动，或拨动钢珠旋转一段弧度后就停下来，则说明定子接线有错误。

本方法所需电压比前一种要高，所以应注意防止电动机过热。

通过分析可知，此方法实际上也属于"假转子"法。

9.9　用指南针检查头尾接线和极数的正确性

用6V或12V蓄电池或几节干电池串联作为直流电源。将一相绕组的头接正极，尾接负极，应控制电流不要超过电动机的额定值（只要指南针能正确指示即可）。

将电动机立式摆放。手拿指南针沿定子内圆走1周。如果其指针经过各极相组时方向交替变化，表明接线正确，变化的次数即为该电动机的极数，如图9-19所示为4极电动机；如果指针方向不改变，则说明该极相组头尾接错；如果在一个极相组内指针方向交替变化，则说明该组内有线圈头尾反接现象。

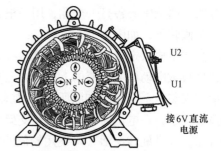

接6V直流电源

图9-19　用指南针检查头尾接线和极数的正确性

9.10　绕线转子嵌线后浸漆前的检查和试验

应对嵌线后的转子进行如下检查和试验：

1. 外观检查

1）线棒绝缘及槽绝缘有无破损。

2）出线、封零槽号是否正确。

3）各个并头套之间距离是否均匀，有无过近或短路现象，安装是否牢固，套间空隙是否用锡全部灌满。

4）端部绑扎是否牢固，外圆最大直径是否超过了铁心外圆。

2. 电气试验

1）用绝缘电阻表测量各相对地（铁心和轴）及相互间的绝缘电阻（此时三相应不封零）。低压电机应在 $5M\Omega$ 以上；高压电机在 $50M\Omega$ 以上。

2）用电桥或微欧计测量各相的直流电阻。电阻值的大小与原绕组的偏差应在 ±2% 之内；三相不平衡度不应超过 ±3% 。

3）对每相对地及相间进行历时 1min 的耐电压试验。电压值：全新绕组为 $(2U_{2K} + 2000)$ V，局部更换绕组为 $0.8 \times (2U_{2K} + 2000)$ V，其中 U_{2K} 为转子额定开路电压。

4）用专用仪器进行匝间耐冲击电压试验。

3. 穿出引出线后的检查

穿出引出线后的检查包括：接线连接点是否牢固；引出线在进入轴中心孔处是否松动；用绝缘电阻表测量三相转子绕组 3 条引出线伸出轴中心孔后的任意一个端头与地（铁心）的绝缘电阻，测量值的合格标准是：低压电机应大于 5MΩ；高压电机应大于 50MΩ。

当查找到绝缘损伤的部位后，对于绕组端部，可插入一片绝缘纸进行隔离，若短路点在槽内，则应将该槽内线圈起出后进行处理或更换新线圈。

附录1 电磁线（绕组用线）试验方法和常用技术标准

序号	编号	名　称
1	GB/T 4074.1—2008	绕组线试验方法　第1部分：一般规定
2	GB/T 4074.2—2008	绕组线试验方法　第2部分：尺寸测量
3	GB/T 4074.3—2008	绕组线试验方法　第3部分：机械性能
4	GB/T 4074.4—2008	绕组线试验方法　第4部分：化学性能
5	GB/T 4074.5—2008	绕组线试验方法　第5部分：电性能
6	GB/T 4074.6—2008	绕组线试验方法　第6部分：热性能
7	GB/T 4074.7—2009	绕组线试验方法　第7部分：测定漆包绕组线温度指数的试验方法
8	GB/T 4074.8—2009	绕组线试验方法　第8部分：测定漆包绕组线温度指数的试验方法　快速法
9	GB/T 6109.1—2008	漆包圆绕组线　第1部分：一般规定
10	GB/T 6109.2—2008	漆包圆绕组线　第2部分：155级聚酯漆包铜圆线
11	GB/T 6109.4—2008	漆包圆绕组线　第4部分：130级直焊聚氨酯漆包铜圆线
12	GB/T 6109.5—2008	漆包圆绕组线　第5部分：180级聚酯亚胺漆包铜圆线
13	GB/T 6109.6—2008	漆包圆绕组线　第6部分：220级聚酰亚胺漆包铜圆线
14	GB/T 6109.7—2008	漆包圆绕组线　第7部分：130L级聚酯漆包铜圆线
15	GB/T 6109.9—2008	漆包圆绕组线　第9部分：130级聚酰胺复合直焊聚氨酯漆包铜圆线
16	GB/T 6109.10—2008	漆包圆绕组线　第10部分：155级直焊聚氨酯漆包铜圆线
17	GB/T 6109.11—2008	漆包圆绕组线　第11部分：155级聚酰胺复合直焊聚氨酯漆包铜圆线
18	GB/T 6109.12—2008	漆包圆绕组线　第12部分：180级聚酰胺复合聚酯或聚酯亚胺漆包铜圆线
19	GB/T 6109.13—2008	漆包圆绕组线　第13部分：180级直焊聚酯亚胺漆包铜圆线
20	GB/T 6109.14—2008	漆包圆绕组线　第14部分：200级聚酰胺酰亚胺漆包铜圆线
21	GB/T 6109.15—2008	漆包圆绕组线　第15部分：130级自粘性直焊聚氨酯漆包铜圆线
22	GB/T 6109.16—2008	漆包圆绕组线　第16部分：155级自粘性直焊聚氨酯漆包铜圆线
23	GB/T 6109.17—2008	漆包圆绕组线　第17部分：180级自粘性直焊聚酯亚胺漆包铜圆线
24	GB/T 6109.18—2008	漆包圆绕组线　第18部分：180级自粘性聚酯亚胺漆包铜圆线
25	GB/T 6109.19—2008	漆包圆绕组线　第19部分：200级自粘性聚酰胺酰亚胺复合聚酯或聚酯亚胺漆包铜圆线
26	GB/T 6109.20—2008	漆包圆绕组线　第20部分：200级聚酰胺酰亚胺复合聚酯或聚酯亚胺漆包铜圆线

（续）

序号	编号	名　　称
27	GB/T 6109.21—2008	漆包圆绕组线　第21部分：200级聚酯－酰胺－亚胺漆包铜圆线
28	GB/T 7672.1—2008	玻璃丝包绕组线　第1部分：玻璃丝包铜扁绕组线　一般规定
29	GB/T 7672.2—2008	玻璃丝包绕组线　第2部分：130级浸漆玻璃丝包铜扁线和玻璃丝包漆包铜扁线
30	GB/T 7672.3—2008	玻璃丝包绕组线　第3部分：155级浸漆玻璃丝包铜扁线和玻璃丝包漆包铜扁线
31	GB/T 7672.4—2008	玻璃丝包绕组线　第4部分：180级浸漆玻璃丝包铜扁线和玻璃丝包漆包铜扁线
32	GB/T 7672.5—2008	玻璃丝包绕组线　第5部分：200级浸漆玻璃丝包铜扁线和玻璃丝包漆包铜扁线
33	GB/T 7672.6—2008	玻璃丝包绕组线　第6部分：玻璃丝包薄膜绕包铜扁线

附录2 QZ-1、QZ-2型高强度漆包圆铜线规格

铜线直径 /mm	标称截面积 /mm²	最大外径		单位质量 /(kg/km)	单位电阻 /(20℃,Ω/km)
		QZ-1/mm	QZ-2/mm		
0.10	0.00785	0.125	0.13	0.076	2270
0.11	0.00950	0.135	0.14	0.092	1813
0.12	0.01131	0.145	0.15	0.108	1523
0.13	0.01325	0.155	0.16	0.126	1296
0.14	0.01537	0.165	0.17	0.145	1118
0.15	0.01767	0.175	0.18	0.167	974
0.16	0.02011	0.19	0.20	0.19	856
0.17	0.0227	0.20	0.21	0.213	758
0.18	0.02545	0.20	0.22	0.237	672
0.19	0.02835	0.22	0.23	0.264	606
0.20	0.03142	0.23	0.24	0.292	548
0.21	0.03464	0.24	0.25	0.321	497
0.23	0.04155	0.265	0.28	0.386	415
0.25	0.0491	0.29	0.30	0.454	351
0.27	0.0573	0.31	0.32	0.509	300
0.28	0.0616	0.32	0.33	0.514	280
0.29	0.0661	0.33	0.34	0.608	260
0.31	0.0755	0.35	0.36	0.693	228
0.33	0.0855	0.37	0.39	0.784	201
0.35	0.0962	0.39	0.41	0.884	178.8
0.38	0.1134	0.42	0.44	1.04	151.8
0.40	0.1257	0.44	0.46	1.202	136
0.41	0.132	0.45	0.47	1.208	130.3
0.42	0.1385	0.46	0.48	1.254	124
0.44	0.1521	0.47	0.50	1.39	113.2
0.45	0.1602	0.49	0.51	1.438	110.3
0.47	0.1735	0.51	0.53	1.58	99.12
0.49	0.1886	0.52	0.54	1.626	90.3
0.50	0.1964	0.54	0.56	1.776	91.8
0.51	0.204	0.55	0.57	1.88	84.4

（续）

铜线直径 /mm	标称截面积 /mm²	最大外径		单位质量 /（kg/km）	单位电阻 /（20℃,Ω/km）
		QZ-1/mm	QZ-2/mm		
0.53	0.221	0.58	0.60	2.03	77.1
0.55	0.238	0.59	0.62	2.20	72.3
1.00	0.785	1.07	1.11	6.80	21.9
1.03	0.8332	—	—	7.22	20.63
1.04	0.849	1.11	1.15	7.60	20.3
1.06	0.883	1.14	1.17	7.73	19.7
1.08	0.916	1.16	1.19	8.14	18.79
1.12	0.985	1.2	1.23	8.9	17.47
1.13	1.002	—	—	9.05	17.17
1.16	1.057	1.23	1.25	9.4	16.28
1.18	1.093	1.26	1.29	9.9	15.73
1.2	1.131	1.28	1.31	10.5	15.22
1.25	1.227	1.33	1.36	10.9	14.02
1.3	1.327	1.38	1.41	11.8	12.96
1.33	1.389	—	—	12.35	12.38
1.35	1.431	1.43	1.46	12.7	12.01
1.37	1.4741	—	—	13.08	11.66
1.4	1.539	1.48	1.51	13.7	11.18
1.45	1.651	1.53	1.56	14.7	10.41
1.5	1.767	1.58	1.61	15.7	9.74
1.56	1.911	1.64	1.67	17.3	9.0
1.6	2.011	1.69	1.72	18.1	8.53
1.62	2.06	1.71	1.72	18.32	8.36
1.68	2.22	1.76	1.79	19.7	7.75
1.7	2.271	1.79	1.82	20.43	7.0
1.74	2.38	1.82	1.85	21	7.23
1.8	2.545	1.89	1.92	23	6.9
1.81	2.57	1.9	1.94	23.5	6.7
1.88	2.78	1.96	2.0	24.7	6.19
1.9	2.834	1.99	2.02	25.4	6.0
1.95	2.99	—	2.07	26.5	5.76

（续）

铜线直径 /mm	标称截面积 /mm²	最大外径		单位质量 /(kg/km)	单位电阻 /(20℃,Ω/km)
		QZ-1/mm	QZ-2/mm		
2.02	3.2	—	2.14	28.5	5.38
2.1	3.4	—	2.39	30.8	4.97
2.26	4.01	—	2.57	35.7	4.29
2.34	4.3	—	2.61	38.0	4.0

附录3 扁铜线和漆包扁铜线规格

扁铜线尺寸 厚×宽 /mm	漆包扁铜线最 大尺寸厚×宽 /mm	漆包线 单位质量 /(kg/km)	扁铜线尺寸 厚×宽 /mm	漆包扁铜线最 大尺寸厚×宽 /mm	漆包线 单位质量 /(kg/km)
0.9×2.5	1.04×2.66	18.9	1.06×3.55	1.2×3.72	32.17
0.9×2.65	1.04×2.81	20.12	1.06×4.0	1.2×4.17	36.48
0.9×2.8	1.04×2.96	21.34	1.06×4.5	1.2×4.67	41.27
0.9×3.0	1.04×3.17	22.99	1.06×5.0	1.21×5.19	45.15
0.9×3.15	1.04×3.32	24.21	0.9×4.75	1.04×4.93	37.26
0.9×3.35	1.04×3.52	25.84	0.95×3.15	1.09×3.32	44.28
0.9×3.55	1.04×3.72	27.47	0.95×3.35	1.09×3.72	19.84
0.9×3.75	1.04×3.92	29.1	0.95×4.0	1.09×4.17	22.42
0.9×4.0	1.04×4.17	31.14	0.95×4.5	1.09×4.67	25.44
0.9×4.25	1.04×4.42	33.17	0.95×5.0	1.09×5.19	28.87
0.9×4.5	1.04×4.67	35.21	0.95×5.6	1.09×4.17	32.74
1.0×2.65	1.14×2.79	22.12	0.95×4.5	1.09×4.67	37.04
1.0×2.8	1.14×2.96	23.48	0.95×5.0	1.10×5.19	41.43
1.0×3.0	1.14×3.17	25.3	0.95×5.6	1.10×5.79	46.6
1.0×3.15	1.14×3.32	26.65	1.0×2.5	1.14×2.66	20.77
1.0×3.35	1.14×3.52	28.46	1.06×5.6	1.21×5.79	51.9
1.0×3.55	1.14×3.72	30.27	1.06×6.3	1.21×6.5	58.64
1.0×3.75	1.14×3.92	32.08	1.12×2.5	1.26×2.66	23.45
1.0×4.0	1.14×4.17	34.34	1.12×2.65	1.26×2.81	24.97
1.0×4.25	1.14×4.42	36.6	1.12×2.8	1.26×2.96	26.48
1.0×4.5	1.14×4.67	38.86	1.12×3.75	1.26×3.92	36.1
1.0×4.75	1.14×4.93	41.13	1.12×4.0	1.26×4.17	38.62
1.0×5.0	1.15×5.19	43.47	1.12×4.25	1.26×4.42	41.15
1.0×5.3	1.15×5.49	46.19	1.12×4.5	1.26×4.67	43.67
1.0×5.6	1.15×5.79	48.91	1.12×3.0	1.26×3.17	28.52
1.0×6.0	1.15×6.19	52.53	1.12×3.15	1.26×3.32	30.03
1.0×6.3	1.15×6.5	55.27	1.12×3.35	1.26×3.52	32.05
1.06×2.5	1.2×2.66	22.11	1.12×3.55	1.26×3.72	34.07
1.06×2.8	1.2×2.96	24.98	1.12×4.75	1.26×4.93	46.22
1.06×3.15	1.2×3.32	28.34	1.12×5.0	1.27×5.19	48.83

（续）

扁铜线尺寸 厚×宽 /mm	漆包扁铜线最 大尺寸厚×宽 /mm	漆包线 单位质量 /（kg/km）	扁铜线尺寸 厚×宽 /mm	漆包扁铜线最 大尺寸厚×宽 /mm	漆包线 单位质量 /（kg/km）
1.12×5.3	1.27×5.49	51.86	1.25×7.1	1.41×7.3	78.36
1.12×5.6	1.27×5.79	54.9	1.25×7.5	1.41×7.7	82.88
1.12×6.0	1.27×6.19	58.95	1.25×8.0	1.41×8.2	88.52
1.12×6.3	1.27×6.5	62.01	1.32×2.5	1.47×2.66	27.94
1.12×6.7	1.27×6.9	66.05	1.32×2.8	1.47×2.96	31.50
1.12×7.1	1.27×7.3	70.11	1.32×3.15	1.47×3.32	35.68
1.18×2.5	1.32×2.66	24.8	1.32×3.55	1.47×3.72	40.43
1.18×2.8	1.32×2.96	27.99	1.32×4.0	1.47×4.17	45.78
1.18×3.15	1.32×3.32	31.72	1.32×4.5	1.47×4.67	51.72
1.18×3.55	1.32×3.72	35.98	1.32×5.0	1.48×5.19	57.77
1.18×4.0	1.32×4.17	40.76	1.32×5.6	1.48×5.79	64.91
1.18×4.5	1.32×4.67	46.08	1.32×6.3	1.48×6.5	73.27
1.18×5.0	1.32×5.19	51.5	1.32×7.0	1.48×7.3	82.79
1.18×5.6	1.32×5.79	57.9	1.32×8.0	1.48×8.2	93.51
1.18×6.3	1.33×6.5	65.38	1.4×2.5	1.55×2.66	29.73
1.18×7.1	1.39×7.3	73.91	1.4×2.65	1.55×2.81	31.62
1.25×2.5	1.40×2.66	26.37	1.4×2.8	1.55×2.96	33.51
1.25×2.65	1.40×2.81	28.06	1.4×3.0	1.55×3.17	36.04
1.25×2.8	1.4×2.96	29.75	1.4×3.15	1.55×3.32	37.93
1.25×3.0	1.4×3.17	32.02	1.4×3.35	1.55×3.52	40.45
1.25×3.15	1.4×3.32	33.71	1.4×3.55	1.55×3.72	42.97
1.25×3.35	1.4×3.52	35.96	1.4×3.75	1.55×3.92	45.49
1.25×3.55	1.4×3.72	38.21	1.4×4.0	1.55×4.17	48.64
1.25×3.75	1.4×3.92	40.46	1.4×4.25	1.55×4.42	51.79
1.25×4.0	1.4×4.17	43.28	1.4×4.5	1.55×4.67	54.94
1.25×4.25	1.4×4.42	46.1	1.4×4.75	1.55×4.93	58.11
1.25×4.5	1.4×4.67	48.91	1.4×5.0	1.56×5.19	61.34
1.25×4.75	1.4×4.93	51.75	1.4×5.3	1.56×5.49	65.13
1.25×5.0	1.4×5.19	54.15	1.4×5.6	1.56×5.79	68.91
1.25×5.3	1.4×5.49	58.03	1.4×6.0	1.56×6.19	73.96
1.25×5.6	1.41×5.79	61.42	1.4×6.3	1.56×6.5	77.76
1.25×6.0	1.41×6.19	65.93	1.46×6.7	1.56×6.9	82.81
1.25×6.3	1.41×6.5	69.34	1.4×7.1	1.56×7.3	87.86
1.25×6.7	1.41×6.9	73.85	1.4×7.5	1.56×7.7	92.91

（续）

扁铜线尺寸 厚×宽 /mm	漆包扁铜线最 大尺寸厚×宽 /mm	漆包线 单位质量 /(kg/km)	扁铜线尺寸 厚×宽 /mm	漆包扁铜线最 大尺寸厚×宽 /mm	漆包线 单位质量 /(kg/km)
1.4×8.0	1.56×8.2	99.21	1.6×6.7	1.76×6.9	94.76
1.4×8.5	1.56×8.7	105.52	1.6×7.1	1.76×7.3	100.52
1.4×9.0	1.56×9.2	111.83	1.6×7.5	1.76×7.7	106.27
1.5×2.5	1.65×2.66	31.87	1.6×8.0	1.76×8.2	113.47
1.5×2.8	1.65×2.96	36.01	1.6×8.5	1.76×8.7	120.67
1.5×3.15	1.65×3.32	40.74	1.6×9.0	1.76×9.2	127.87
1.5×3.55	1.65×3.72	46.14	1.6×9.5	1.76×9.7	135.07
1.5×4.0	1.65×4.17	52.21	1.6×10.0	1.76×10.23	142.26
1.5×4.5	1.65×4.67	58.35	1.7×2.5	1.85×2.66	35.11
1.5×5.0	1.65×5.19	65.80	1.7×2.8	1.85×2.96	39.68
1.5×5.6	1.66×5.79	73.91	1.7×3.15	1.85×3.32	45.04
1.5×6.3	1.66×6.5	83.38	1.7×3.55	1.85×3.72	51.15
1.5×7.1	1.66×7.3	94.19	1.7×4.0	1.85×4.17	58.04
1.5×8.0	1.66×8.2	106.34	1.7×4.5	1.85×4.67	65.65
1.5×9.0	1.66×9.2	119.85	1.7×5.0	1.86×5.19	73.39
1.6×2.5	1.75×2.66	34.20	1.7×5.6	1.86×5.79	82.56
1.6×2.65	1.75×2.81	36.36	1.7×6.3	1.86×6.5	93.28
1.6×2.8	1.75×2.96	38.52	1.7×7.1	1.86×7.3	105.51
1.6×3.0	1.75×3.17	41.40	1.7×8.0	1.86×8.2	119.26
1.6×3.15	1.75×3.32	43.56	1.7×9.0	1.86×9.2	134.55
1.6×3.35	1.75×3.52	46.44	1.7×10.0	1.86×10.23	149.95
1.6×3.55	1.75×3.72	49.31	1.8×2.5	1.95×2.66	37.34
1.6×3.75	1.75×3.92	52.19	1.8×2.65	1.95×2.81	39.77
1.6×4.0	1.75×4.17	55.78	1.8×2.8	1.95×2.96	42.19
1.6×4.25	1.75×4.42	59.37	1.8×3.0	1.95×3.17	45.39
1.6×4.5	1.75×4.67	62.97	1.8×3.15	1.95×3.32	47.86
1.6×4.75	1.75×4.93	66.58	1.8×3.35	1.95×3.52	51.09
1.6×5.0	1.76×5.19	70.26	1.8×3.55	1.95×3.72	54.32
1.6×5.3	1.76×5.49	74.58	1.8×3.75	1.95×3.92	57.55
1.6×5.6	1.76×5.79	78.90	1.8×4.0	1.95×4.17	61.59
1.6×6.0	1.76×6.19	84.66	1.8×4.25	1.95×4.42	65.62
1.6×6.3	1.76×6.5	89.00	1.8×4.5	1.95×4.67	69.66

（续）

扁铜线尺寸 厚×宽 /mm	漆包扁铜线最 大尺寸厚×宽 /mm	漆包线 单位质量 /（kg/km）	扁铜线尺寸 厚×宽 /mm	漆包扁铜线最 大尺寸厚×宽 /mm	漆包线 单位质量 /（kg/km）
1.8 × 4.7	1.95 × 4.93	73.72	2.0 × 4.0	2.16 × 4.17	68.75
1.8 × 5.0	1.96 × 5.19	77.85	2.0 × 4.25	2.16 × 4.42	73.37
1.8 × 5.3	1.96 × 5.49	82.70	2.0 × 4.5	2.16 × 4.67	77.72
1.8 × 5.6	1.96 × 5.79	87.55	2.0 × 4.75	2.16 × 4.93	82.22
1.8 × 6.0	1.96 × 6.19	94.02	2.0 × 5.0	2.17 × 5.19	86.77
1.8 × 6.3	1.96 × 6.5	98.90	2.0 × 5.3	2.17 × 5.49	92.16
1.8 × 6.7	1.96 × 6.9	105.37	2.0 × 5.6	2.17 × 5.79	97.54
1.8 × 7.1	1.96 × 7.3	111.84	2.0 × 6.0	2.17 × 6.19	104.72
1.8 × 7.5	1.96 × 7.7	118.31	2.0 × 6.3	2.17 × 6.5	110.13
1.8 × 8.0	1.96 × 8.2	126.39	2.0 × 6.7	2.17 × 6.9	117.31
1.8 × 8.5	1.96 × 8.7	134.48	2.0 × 7.1	2.17 × 7.3	124.29
1.8 × 9.0	1.96 × 9.2	142.57	2.0 × 7.5	2.17 × 7.7	131.68
1.8 × 9.5	1.96 × 9.7	150.65	2.0 × 8.0	2.17 × 8.2	140.65
1.8 × 10.0	1.96 × 10.23	158.86	2.0 × 8.5	2.17 × 8.7	149.63
1.9 × 2.8	2.05 × 2.96	44.69	2.0 × 9.0	2.17 × 9.2	158.60
1.9 × 3.15	2.05 × 3.32	50.67	2.0 × 9.5	2.17 × 9.7	167.58
1.9 × 3.55	2.05 × 3.72	57.49	2.0 × 10.0	2.17 × 10.23	176.68
1.9 × 4.0	2.05 × 4.17	65.16	2.12 × 3.15	2.28 × 3.32	56.88
1.9 × 4.5	2.05 × 4.67	73.68	2.12 × 3.55	2.28 × 3.72	64.48
1.9 × 5.0	2.06 × 5.19	82.31	2.12 × 4.0	2.28 × 4.17	73.03
1.9 × 5.6	2.06 × 5.79	92.55	2.12 × 4.5	2.28 × 4.67	82.54
1.9 × 6.3	2.06 × 6.5	104.52	2.12 × 5.0	2.29 × 5.19	92.13
1.9 × 7.1	2.06 × 7.3	118.70	2.12 × 5.6	2.29 × 5.79	103.54
1.9 × 8.0	2.06 × 8.2	133.52	2.12 × 6.3	2.29 × 6.5	116.87
1.9 × 9.0	2.06 × 9.2	150.59	2.12 × 7.1	2.29 × 7.3	132.09
1.9 × 10.0	2.06 × 10.23	167.77	2.12 × 8.0	2.29 × 8.2	149.21
2.0 × 2.8	2.16 × 2.96	47.21	2.12 × 9.0	2.29 × 9.2	168.23
2.0 × 3.0	2.16 × 3.17	50.81	2.12 × 10.0	2.29 × 10.23	187.37
2.0 × 3.15	2.16 × 3.32	53.50	2.24 × 3.15	2.4 × 3.32	60.26
2.0 × 3.35	2.16 × 3.52	57.00	2.24 × 3.35	2.4 × 3.52	64.28
2.0 × 3.55	2.16 × 3.72	60.68	2.24 × 3.55	2.4 × 3.72	68.29
2.0 × 3.75	2.16 × 3.92	64.26	2.24 × 3.75	2.4 × 3.92	72.3

（续）

扁铜线尺寸 厚×宽 /mm	漆包扁铜线最 大尺寸厚×宽 /mm	漆包线 单位质量 /（kg/km）	扁铜线尺寸 厚×宽 /mm	漆包扁铜线最 大尺寸厚×宽 /mm	漆包线 单位质量 /（kg/km）
2.24×4.0	2.4×4.17	77.32	2.5×4.75	2.66×7.93	101.74
2.24×4.25	2.4×4.42	82.32	2.5×5.0	2.67×5.19	107.40
2.24×4.5	2.4×4.67	87.85	2.5×5.3	2.67×5.49	114.12
2.24×4.75	2.4×4.93	92.39	2.5×5.6	2.67×5.79	120.84
2.24×5.0	2.41×5.19	92.48	2.5×6.0	2.67×6.19	129.80
2.24×5.3	2.41×5.49	103.51	2.5×6.3	2.67×6.5	136.54
2.24×5.6	2.41×5.79	109.53	2.5×6.7	2.67×6.9	145.50
2.24×6.0	2.41×6.19	117.57	2.5×7.1	2.67×7.3	154.46
2.24×6.3	2.41×6.5	123.62	2.5×7.5	2.67×7.7	163.42
2.24×6.7	2.41×6.9	131.65	2.5×8.0	2.67×8.2	174.62
2.24×7.1	2.41×7.3	139.68	2.5×8.5	2.67×8.7	185.81
2.24×7.5	2.41×7.7	147.72	2.5×9.0	2.67×9.2	197.01
2.24×8.0	2.41×8.2	157.76	2.5×9.5	2.67×9.7	208.21
2.24×8.5	2.41×8.7	167.8	2.5×10	2.67×10.23	219.54
2.24×9.0	2.41×9.2	177.85	2.65×4.0	2.81×4.17	90.28
2.24×9.5	2.41×9.7	187.89	2.65×4.5	2.81×4.67	102.14
2.24×10	2.41×10.23	198.06	2.65×5.0	2.82×5.19	114.10
2.36×3.55	2.52×3.72	70.42	2.65×5.6	2.82×5.79	128.33
2.36×4.0	2.52×4.17	79.93	2.65×6.3	2.82×6.5	144.97
2.36×4.5	2.52×4.67	94.9	2.65×7.1	2.82×7.3	163.95
2.36×5.0	2.53×5.19	101.16	2.65×8.0	2.82×8.2	185.31
2.36×5.6	2.53×5.79	113.85	2.65×9.0	2.82×9.2	209.04
2.36×6.3	2.53×6.5	128.68	2.65×10.0	2.82×10.23	232.9
2.36×7.1	2.53×7.3	145.60	2.8×4.0	2.96×4.17	95.64
2.36×8.0	2.53×8.2	164.64	2.8×4.25	2.96×4.42	101.9
2.36×9.0	2.53×9.2	185.7	2.8×4.5	2.96×4.67	108.17
2.36×10	2.53×10.23	207.07	2.8×4.75	2.96×4.93	114.45
2.5×3.55	2.66×3.72	74.86	2.8×5.0	2.97×5.19	120.79
2.5×3.75	2.66×3.92	79.33	2.8×5.3	2.97×5.49	128.31
2.5×4.0	2.66×4.17	84.93	2.8×5.6	2.97×5.79	135.83
2.5×4.25	2.66×4.42	90.52	2.8×6.0	2.97×6.19	145.85
2.5×4.5	2.66×4.97	96.12	2.8×6.3	2.97×6.5	153.4

（续）

扁铜线尺寸 厚×宽 /mm	漆包扁铜线最 大尺寸厚×宽 /mm	漆包线 单位质量 /(kg/km)	扁铜线尺寸 厚×宽 /mm	漆包扁铜线最 大尺寸厚×宽 /mm	漆包线 单位质量 /(kg/km)
2.8×6.7	2.97×6.9	163.42	2.8×8.5	2.97×8.7	208.54
2.8×7.1	2.97×7.3	173.45	2.8×9.0	2.97×9.2	221.07
2.8×7.5	2.97×7.7	183.47	2.8×9.5	2.97×9.7	233.6
2.8×8.0	2.97×8.2	196.00	2.8×10.0	2.97×10.23	246.26

附录4　T 分度铜–康铜和 K 分度镍铬–镍硅热电偶分度表

温度/℃	电动势/mV		温度/℃	电动势/mV		温度/℃	电动势/mV	
	T 分度	K 分度		T 分度	K 分度		T 分度	K 分度
0	0.000	0.000	70	2.908	2.851	140	6.204	5.735
10	0.391	0.397	80	3.357	3.267	150	6.702	6.145
20	0.789	0.798	90	3.813	3.682	160	7.207	6.540
30	1.196	1.203	100	4.277	4.096	170	7.718	6.949
40	1.611	1.612	110	4.749	4.367	180	8.235	7.340
50	2.035	2.023	120	5.227	4.920	190	8.757	7.748
60	2.467	2.436	130	5.712	5.330	200	9.286	8.138

附录 5 Pt50 和 Pt100 铂热电阻分度表

温度/℃	电阻/Ω		温度/℃	电阻/Ω		温度/℃	电阻/Ω	
	Pt50	Pt100		Pt50	Pt100		Pt50	Pt100
-30	40.50	88.04	40	53.26	115.78	110	65.76	142.95
-20	42.34	92.04	50	55.06	119.70	120	67.52	146.78
-10	44.17	96.03	60	56.86	123.60	130	69.28	150.60
0	46.00	100.00	70	58.65	127.49	140	71.03	154.41
10	47.82	103.96	80	60.43	131.37	150	72.78	158.21
20	49.64	107.91	90	62.21	135.24	160	74.52	162.00
30	51.54	11.85	100	63.99	139.10	170	76.26	165.78

附录6　某厂Y系列（IP44）三相异步电动机相电阻统计平均值（25℃时）

机座号	功率/kW	相电阻/Ω	机座号	功率/kW	相电阻/Ω	机座号	功率/kW	相电阻/Ω
801-2	0.75	8.22	100L1-4	2.2	2.474	132M2-6	5.5	2.15
802-2	1.1	5.62	100L2-4	3	1.665	160M-6	7.5	0.587
90S-2	1.5	3.9	112M-4	4	2.935	180L-6	15	0.486
90L-2	2.2	2.35	132S-4	5.5	2.013	200L1-6	18.5	0.361
100L-2	3	1.51	132M-4	7.5	1.342	200L2-6	22	0.218
112M-2	4	3.06	160M-4	11	0.772	225M-6	30	0.193
132S1-2	5.5	2.39	160L-4	15	0.503	250M-6	37	0.143
132S2-2	7.5	1.47	180M-4	18.5	0.419	280S-6	45	0.107
160M1-2	11	0.63	180L-4	22	0.1677	280M-6	55	0.06072
160M2-2	15	0.45	200L-4	30	0.1300	315M2-6	110	0.03355
160L-2	18.5	0.33	225S-4	37	0.0881	315M3-6	132	0.02516
180M-2	22	0.28	225M-4	45	0.0738	355M1-6	160	0.02021
200L1-2	30	0.185	250M-4	55	0.0478	355M2-6	185	0.01783
200L2-2	37	0.138	280S-4	75	0.01774	355M3-6	200	0.01560
225M-2	45	0.107	280M-4	90	0.02550	355L1-6	220	0.01411
250M-2	55	0.070	315S-4	110	0.01828	355L2-6	250	0.01010
280S-2	75	0.050	315M1-4	132	0.01468	400L1-6	315	0.00761
280M-2	90	0.042	315M2-4	160	0.01397	400L2-6	355	0.00609
315S-2	110	0.0226	315L1-4	160	0.01189	400L3-6	400	0.00531
315M1-2	132	0.0176	315L2-4	200	0.00981	132S-8	2.2	2.22
315M2-2	160	0.0127	355M1-4	220	0.00839	132M-8	3	1.51
315L1-2	160	0.0109	355M2-4	250	0.00728	160M1-8	4	2.52
315L2-2	200	0.0108	355L1-4	280	0.00676	160M2-8	5.5	1.80
355M1-2	220	0.0111	355L2-4	315	8.60	160L-8	7.5	1.27
355M2-2	250	0.0108	400L1-4	355	5.95	180L-8	11	0.94
355L1-2	280	0.00847	90S-6	0.75	3.77	200L-8	15	0.604
355L2-2	315	0.00817	90L-6	1.1	2.26	225S-8	18.5	0.0411
801-4	0.55	12.16	100L-6	1.5	1.510	225M-8	22	0.2935
802-4	0.75	8.471	112M-6	2.2	2.26	250M-8	30	0.2382
90S-4	1.1	5.452	132S-6	3	1.53	280S-8	37	0.1761
90L-4	1.5	3.858	132M1-6	4	3.19	280M-8	45	0.1300

（续）

机座号	功率/kW	相电阻/Ω	机座号	功率/kW	相电阻/Ω	机座号	功率/kW	相电阻/Ω
315S－8	55	0.0805	355L1－8	185	0.01634	315M2－10	75	0.04781
315M1－8	75	0.0523	355L2－8	200	0.01434	355M1－10	90	0.03194
315M2－8	90	0.0361	400L1－8	250	0.01006	355M2－10	110	0.02050
315M3－8	110	0.03187	400L2－8	315	0.00780	355L1－10	132	0.02491
355M1－8	132	0.02347	315S－10	45	0.09645	400L2－12	200	0.01510
355M2－8	160	0.01931	315M1－10	55	0.07213			

附录 7　第 4 章 4.3.2 节 "嵌线前的掏包过程" 彩图

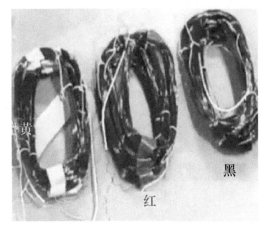

图　4-18

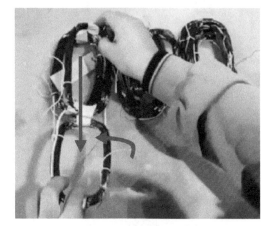

图　4-19

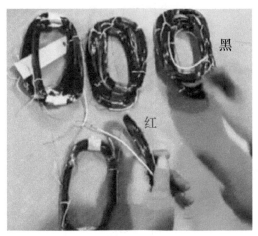

图　4-20

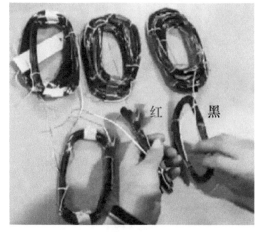

图　4-21

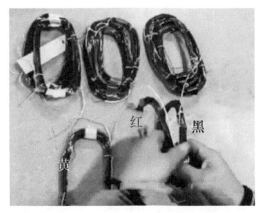

图　4-22

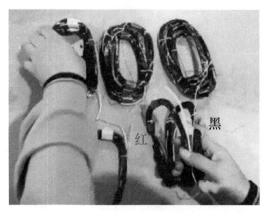

图　4-23

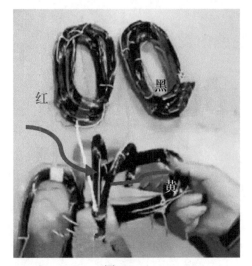

图 4-24

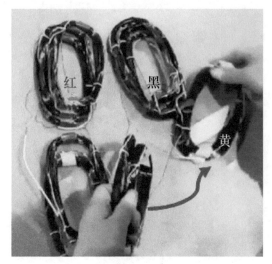

图 4-25

图 4-26

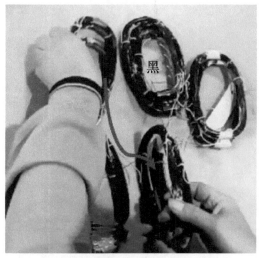

图 4-27

图 4-28

图 4-29

图　4-30

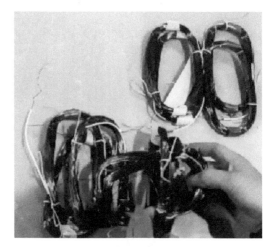

图　4-31

图　4-32

同理依次穿线

图　4-33

注意过桥线为一正一反

图　4-34

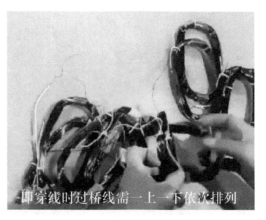

即穿线时过桥线需一上一下依次排列

图　4-35

图 4-36

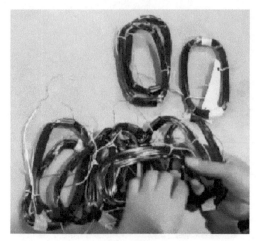

图 4-37

图 4-38

图 4-39

图 4-40

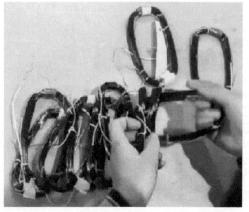

图 4-41

图 4-42

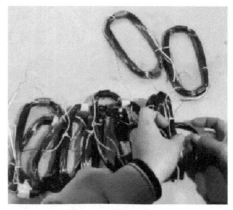
图 4-43

图 4-44

图 4-45

图 4-46

图 4-47

图 4-48

附录 8　第 4 章 4.3.3 节"嵌线过程"彩图

图　4-49

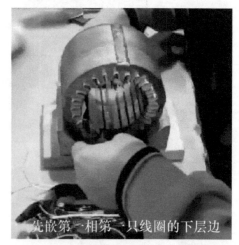

先嵌第一相第一只线圈的下层边

图　4-50

折叠槽绝缘把导线包住，把槽内压实，
插入槽楔，封槽，并取出引接纸

图　4-51

空一槽

图　4-52

按上述方法嵌第二相第一只线圈的下层边

图　4-53

图 4-54

上层边嵌入第一相第二只线圈的
下层边所占槽的前一个槽中

图 4-55

折叠槽绝缘，插入槽楔，封好槽

图 4-56

嵌第一相第二只线圈的下层边

图 4-57

上层边嵌入第一相与第二相的第一个
线圈中间空槽中

图 4-58

折叠槽绝缘，插入槽楔，封好槽
嵌线的过程注意掏线和翻线，
相边垫好扣片绝缘

图 4-59

附录9 第4章4.4.2节"嵌线前的掏包过程"彩图

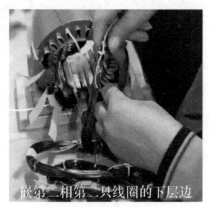

嵌第二相第一只线圈的下层边

图 4-60

按上述方法嵌第三相第一只线圈的下层边

图 4-61

上层边嵌入相应的槽中

图 4-62

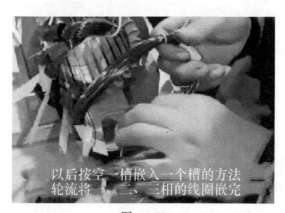

以后按空一槽嵌入一个槽的方法
轮流将一、二、三相的线圈嵌完

图 4-63

图 4-64

图 4-66

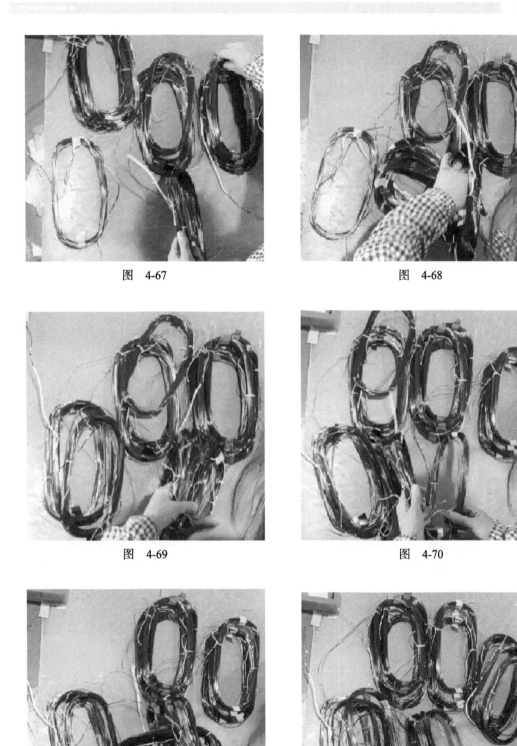

图　4-67

图　4-68

图　4-69

图　4-70

图　4-71

图　4-72

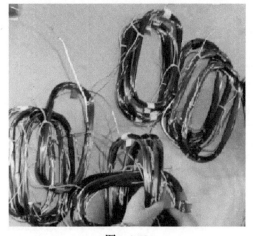

图　4-73

图　4-74

图　4-75

图　4-76

图　4-77

图　4-78

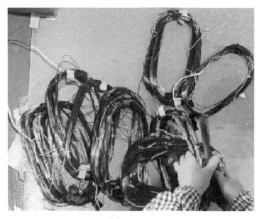

图　4-79

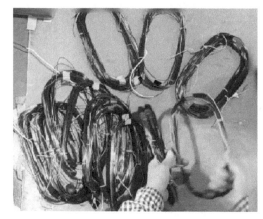

图　4-80

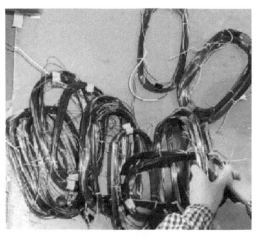

图　4-81

图　4-82

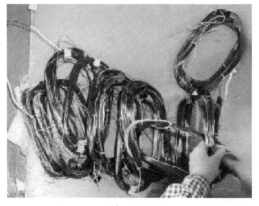

图　4-83

图　4-84

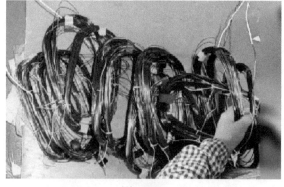

图　4-85　　　　　　　　　　　　　图　4-86

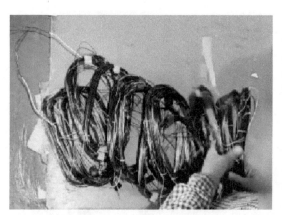

图　4-87

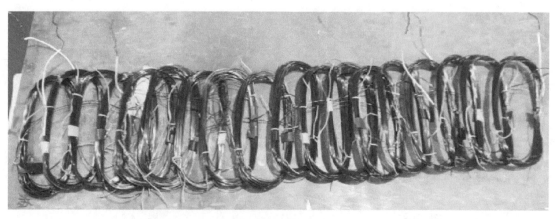

图　4-88

附录 10　第 4 章 4.4.3 节 "嵌线过程" 彩图

图　4-89

先嵌第一相线圈双层的下层边

图　4-90

插入槽楔，封住槽口，上层边暂时不嵌

图　4-91

空一槽

图　4-92

按照上述做法嵌第三相单圈的下层边，封槽上层边暂不嵌

图　4-93

按照上述做法嵌第二相单圈的下层边，封槽上层边暂不嵌

图　4-94

空两槽

图 4-95

按照同样做法，嵌第三相双圈的下层边

图 4-96

并把上层边嵌入第二双圈下层边的前两个槽中

图 4-97

图 4-98

图 4-99

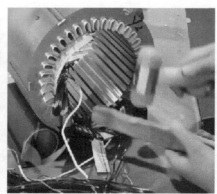

图 4-100

再空一槽

图 4-101

按同样的做法，嵌第三相单圈的上层边，并把上层边嵌入槽中(Y=1—8)

图 4-102

插入槽楔，垫好相间绝缘

图 4-103

再空两槽

图 4-104

上层边按Y=1—9嵌入槽中

图 4-105

图 4-106

附录 11　电机嵌线操作现场全过程彩图

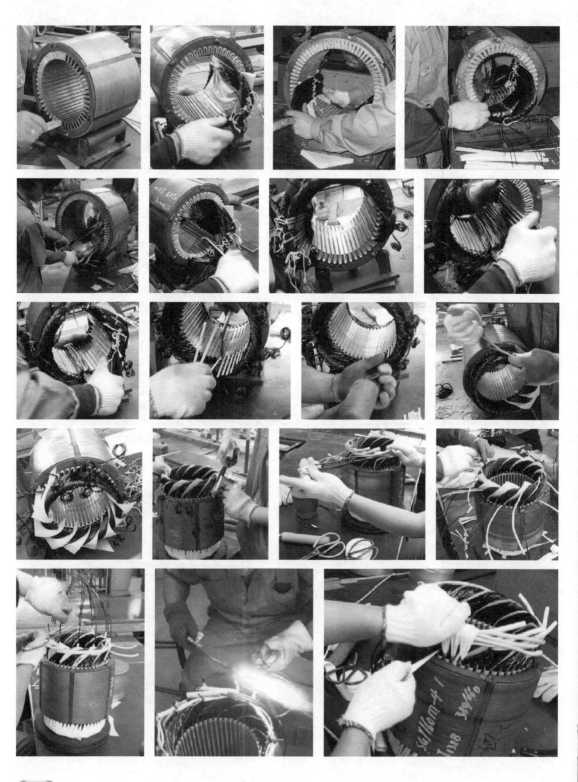

产品及应用

　　欧瑞京集团制造 IEC 和 NEMA 两大标准的电机，同时提供各类定制化的高低压特种电机。

　　IEC 标准低压系列：机座号 56～630（0.12kW～2500kW）

　　IEC 标准中高压系列：机座号 315～800（200kW～5000kW）

　　NEMA 标准低压系列：机座号 143～6808（1hp～1000hp）

冬奥会造雪项目　　压缩机　　通风
造纸　　冶金　　造船
印染　　新能源　　风电
油田抽油泵永磁直驱电机　　水泵　　矿山
水处理　　制冷　　纺织机械